河合塾
SERIES

マーク式
基礎問題集
物理

三訂版

河合塾講師
宮田 茂…[著]

河合出版

は じ め に

　本書は大学入学共通テストの対策問題集ですが，私大などのマーク式入試問題にも対応しています。問題は次のＡ，Ｂの２種類に分かれています。

　Ａ：絶対に必要な知識や理解を身につけるための問題（67題）
　Ｂ：より理解を深めるための問題（61題）：うち，難易度の高いものには（難）の印がついている

　大学入学共通テストは，受験生の理解の深さや思考力，判断力の判定を重視したテストであり，かなり工夫を凝らした問題が出題されます。出題形式や題材，設定も独特なので解きにくい印象が強いです。しかし，教科書に示されていないことが出題されることはありません。教科書をていねいに読み，問題集で知識や理解を確実なものにすれば，独特な問題であっても必ず解けます。本書がそのような学習の一端を担うことを願っています。

　　　　　　　　　　　　　　　　　　　　　著者　記す

目　　次

第1章

力 と 運 動

（41題）

§1 物体の運動

A−1 投げ上げ，投げ下ろし

　地面からの高さが h の位置から，小球1を鉛直上向きに速さ v_1 で投げ上げ，小球2を速さ v_2 で鉛直下向きに投げ下ろした。投げ出されてから地面に落下するまでの時間は，小球1が t_1 で小球2が t_2 であった。空気の影響は無視でき，重力加速度の大きさを g とする。

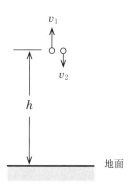

問1　小球1について，h を t_1 を用いて表す式を求めよ。　$\boxed{1}$

① $\quad h = v_1 t_1 + \dfrac{1}{2} g t_1{}^2$　　　　② $\quad h = -v_1 t_1 + \dfrac{1}{2} g t_1{}^2$

③ $\quad h = v_1 t_1 - \dfrac{1}{2} g t_1{}^2$　　　　④ $\quad h = -v_1 t_1 - \dfrac{1}{2} g t_1{}^2$

問2　小球2について，h を t_2 を用いて表す式を求めよ。　$\boxed{2}$

① $\quad h = v_2 t_2 + \dfrac{1}{2} g t_2{}^2$　　　　② $\quad h = -v_2 t_2 + \dfrac{1}{2} g t_2{}^2$

③ $\quad h = v_2 t_2 - \dfrac{1}{2} g t_2{}^2$　　　　④ $\quad h = -v_2 t_2 - \dfrac{1}{2} g t_2{}^2$

A－2　水平投射

高さ h のビルの屋上から小球を水平方向に速さ v_0 で投げ出した。空気の影響は無視でき，重力加速度の大きさを g とする。

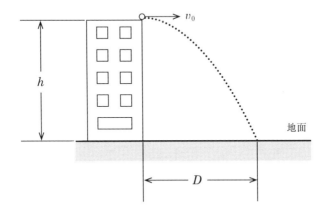

問1　小球が投げ出されてから地面に落下するまでの時間を求めよ。

　　　1

① $\dfrac{h}{v_0}$　　　② $\dfrac{2h}{v_0}$　　　③ $\sqrt{\dfrac{h}{g}}$　　　④ $\sqrt{\dfrac{2h}{g}}$

問2　小球が投げ出された点と地面での落下点との間の水平距離 D を求めよ。　　2

① $\dfrac{gh}{v_0}$　　　② $\dfrac{2gh}{v_0}$　　　③ $v_0\sqrt{\dfrac{h}{g}}$　　　④ $v_0\sqrt{\dfrac{2h}{g}}$

問3　地面に落下するときの小球の速さを求めよ。　　3

① $v_0+\sqrt{2gh}$　　　　　　② $v_0-\sqrt{2gh}$

③ $\sqrt{v_0^2+2gh}$　　　　　　④ $\sqrt{v_0^2-2gh}$

A － 3　相対速度

　東西と南北に伸びる直線道路の立体交差がある。東西に伸びる道路には，西向きに速さ 12 m/s で進む車 A が走っている。南北に伸びる道路には，北向きに速さ 16 m/s で進む車 B と南向きに速さ 9 m/s で進む車 C が走っている。

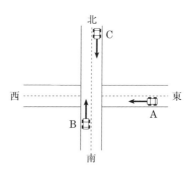

問 1　車 B に対する車 C の相対速度の向きと大きさの組合せを求めよ。　☐1☐

	向き	大きさ
①	北向き	7 m/s
②	北向き	25 m/s
③	南向き	7 m/s
④	南向き	25 m/s

問 2　車 A に対する車 B の相対速度の大きさを求めよ。　☐2☐ m/s

　① 4　　　　　② 16　　　　　③ 20　　　　　④ 28

B－4　$v-t$グラフ

xy 平面上を運動する小物体があり，その速度の x 成分 v_x と y 成分 v_y が時刻 t に対して図のように表される。$0 \leqq t \leqq 10\,\mathrm{s}$ の間について答えよ。

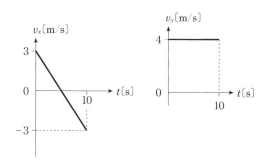

問1　時刻 $t=0$ における小物体の速さはいくらか。　<u>　1　</u>　m/s

  ① 3.0　　　② 4.0　　　③ 5.0　　　④ 7.0

問2　時刻 $t=0$ における小物体の位置を原点 O とするとき，小物体の運動の軌跡はどのようになるか。　<u>　2　</u>

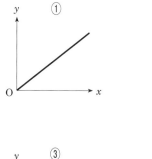

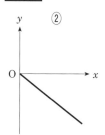

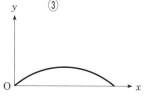

B−5　ボールの遠投

　授業での先生と生徒の会話中の空欄を埋めよ。

先生：空気抵抗がないとき，斜め $45°$ にボールを投げ上げると一番遠くまで投げられる理由を，式を立てて考えます。投げ上げる速さを v_0，投げ上げる角度を地面に対して θ，重力加速度の大きさを g とします。この後の計算をやってみましょう。

生徒：投げ上げたときの速度の鉛直成分の大きさが 　1　 なので，ボールが地面に落下するまでの時間は 　2　 となります。投げ上げたときの速度の水平成分の大きさが 　3　 なので，投げ上げた点から落下点までの距離は 　4　 $\times \sin(2\theta)$ と求められます。

先生：そうだね。$\sin(2\theta)$ が最大値 1 になるのは $\theta = 45°$ のときですから，一番遠くまで投げられる角度が斜め $45°$ ということになります。

　　　1 ・ 3 の選択肢

① $v_0 \sin\theta$　② $v_0 \cos\theta$　③ $\dfrac{v_0 \sin\theta}{g}$　④ $\dfrac{2v_0 \sin\theta}{g}$

　　　2 の選択肢

① $\dfrac{v_0 \sin\theta}{g}$　② $\dfrac{2v_0 \sin\theta}{g}$　③ $\dfrac{v_0 \cos\theta}{g}$　④ $\dfrac{2v_0 \cos\theta}{g}$

　　　4 の選択肢

① $\dfrac{v_0^2}{2g}$　② $\dfrac{v_0^2}{g}$　③ $\dfrac{2v_0^2}{g}$　④ $\dfrac{4v_0^2}{g}$

§2 剛体のつりあい

A－6 力のモーメント

A さんと B さんの会話中の空欄を埋めよ。

A さん：図の棒にはたらく力の，点 O 回りのモーメントの計算だけど，僕は力を分解し，棒に垂直な方向の成分の大きさが $\boxed{1}$ N なので，棒の長さをかけて，1.6 N·m と求める。

B さん：僕は力の作用線と点 O との距離が $\boxed{2}$ m なので，それに力の大きさをかけて，1.6 N·m と計算する。

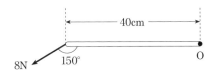

$\boxed{1}$ · $\boxed{2}$ の選択肢

  ① 0.2   ② 0.35   ③ 0.4   ④ 2   ⑤ 3.5   ⑥ 4

A－7 てんびんばかり

図のような長さ 50 cm の棒 AB を用いたてんびんばかりがある。全体をつるしている糸は A 端から 10 cm の位置 O につけられている。A 端には小物体をのせた皿が糸でつるされ，質量 500 g のおもりを O の右，30 cm の位置にまで移動させると全体が静止してつりあった。ただし，棒 AB と糸の質量は無視できるものとする。

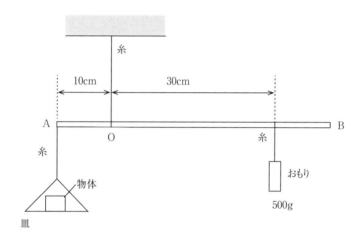

問1　皿の質量と物体の質量の和は何 g か。　| 1 |　g

　① 167　　　② 300　　　③ 500　　　④ 1500

問2　このてんびんばかりではかれる最も重い物体の質量は何 g か。ただし，皿の質量を 100 g とする。　| 2 |　g

　① 25　　　② 300　　　③ 900　　　④ 1900

A－8　棒の重心

次の問いに答えよ。

問1　図のように，長さ 1.0 m の軽い棒 CD の C 端に質量 6.0 kg の
おもりをつけ，D 端に質量 2.0 kg のおもりをつける。この物体
全体の重心を G とするとき，距離 CG を求めよ。　　1　cm

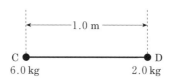

① 25　　② 33　　③ 50　　④ 67　　⑤ 75

問2　前問において，棒 CD が質量 8.0 kg の一様な棒の場合，全体の
重心を G′ とするとき，距離 CG′ を求めよ。　　2　cm

① 12.5　　② 17.5　　③ 25.0　　④ 37.5　　⑤ 60.5

B－9　はしごの立てかけ

　長さ ℓ のはしご AB を水平な床と 60° の角をなすように，鉛直な壁に立てかけた。このときはしご AB は倒れず，静止したままであった。はしご AB の質量は m で，その重心ははしごの中央である。鉛直な壁はなめらかで，摩擦が無視できるものとし，重力加速度の大きさを g とする。

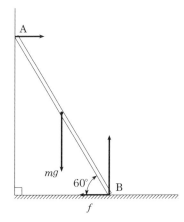

問1　鉛直方向の力のつりあいと，点 A まわりの力のモーメントのつりあいから，はしご AB が水平面から受ける摩擦力の大きさ f を求めよ。　　　1

①　$\dfrac{\sqrt{3}}{2} mg$　　②　$\dfrac{\sqrt{3}}{4} mg$　　③　$\dfrac{\sqrt{3}}{6} mg$　　④　$\dfrac{\sqrt{3}}{8} mg$

問2　水平面とはしご AB との間の静止摩擦係数 μ はいくら以上であるか。$\mu \geqq$　　2

①　$\dfrac{\sqrt{3}}{2}$　　②　$\dfrac{\sqrt{3}}{4}$　　③　$\dfrac{\sqrt{3}}{6}$　　④　$\dfrac{\sqrt{3}}{8}$

B－10　斜面上の転倒（難）

　半径 r, 高さ h の円柱 P を板の上に乗せ，板を水平からゆっくりと傾ける。板が水平となす角を θ，板と P の間の静止摩擦係数を μ とする。

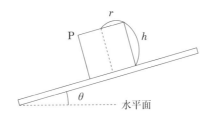

問1　P が倒れないと仮定する。P が板上をすべり始めるときの角度を $\theta=\theta_1$ とする。$\tan\theta_1$ はいくらか。$\tan\theta_1=$ 　1

① 　μ　　　　　② 　2μ　　　　　③ 　$\dfrac{1}{\mu}$　　　　　④ 　$\dfrac{1}{2\mu}$

問2　P が板上をすべらないものと仮定する。P が板上で倒れるときの角度を $\theta=\theta_2$ とする。$\tan\theta_2$ はいくらか。$\tan\theta_2=$ 　2

① 　$\dfrac{r}{h}$　　　　　② 　$\dfrac{2r}{h}$　　　　　③ 　$\dfrac{h}{r}$　　　　　④ 　$\dfrac{h}{2r}$

問3　P が板上で，倒れる前にすべり始める条件はどうなるか。　3

① 　$\mu<\dfrac{r}{h}$　　② 　$\mu<\dfrac{2r}{h}$　　③ 　$\mu<\dfrac{h}{r}$　　④ 　$\mu<\dfrac{h}{2r}$

§3 運動量と力積

A－11 運動量と力積

　質量 m の物体が速さ v で右向きに運動している。この物体に力積が加わり，(a)速さ $2v$ で右向きの運動，(b)速さ $\frac{1}{2}v$ で右向きの運動，(c)速さ v で左向きの運動になった。それぞれの場合について，物体に加えられた力積を，右向きを正として答えよ。

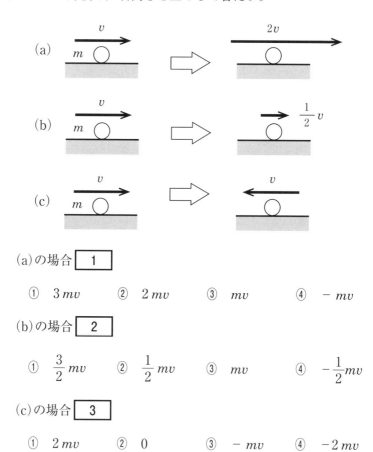

(a)の場合 ▢1

① $3mv$　　② $2mv$　　③ mv　　④ $-mv$

(b)の場合 ▢2

① $\frac{3}{2}mv$　　② $\frac{1}{2}mv$　　③ mv　　④ $-\frac{1}{2}mv$

(c)の場合 ▢3

① $2mv$　　② 0　　③ $-mv$　　④ $-2mv$

A−12　重力の力積

重力加速度の大きさを g として，次の各場合についての運動量と力積の関係式を選べ。

問1　地上から鉛直上向きに初速 v で質量 m の小球を投げ上げる。小球を投げ上げてから時間 t 後，小球の速度が鉛直下向きに速さ $\frac{1}{2}v$ になった。　☐ 1

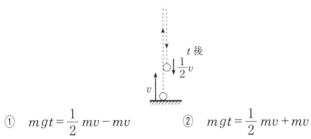

① $mgt = \frac{1}{2}mv - mv$ 　　② $mgt = \frac{1}{2}mv + mv$

③ $mgt = -\frac{1}{2}mv + mv$ 　　④ $mgt = -\frac{1}{2}mv - mv$

問2　水平面と $30°$ の角をなすなめらかな斜面上に質量 m の小物体を置き，初速 0 で運動させる。時間 t 後の小物体の速さを v とする。　☐ 2

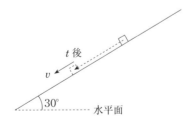

① $mgt = \frac{1}{2}mv$ 　　② $mgt = \frac{1}{2}mv^2$

③ $\frac{1}{2}mgt = mv$ 　　④ $\frac{1}{2}mgt = mv^2$

A－13　マットへの着地

　図のように，少し高い所から人が飛び降り，着地する場合を考える。着地点がコンクリートだと足に強い衝撃を受けるが，着地点がマットだとその衝撃は小さい。この理由として最も適当な記述はどれか。

1

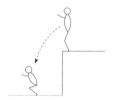

①　コンクリートに着地するときより，マットに着地するときの方が人の運動量変化が小さいから。

②　コンクリートに着地するときより，マットに着地するときの方が人が受ける力積が小さいから。

③　コンクリートに着地するときより，マットに着地するときの方が着地点から人が力を受ける時間が長いから。

A－14　小球と壁との衝突

　図の実線のグラフは，小球を壁に垂直にぶつけたとき，壁が小球から受ける力の変化を横軸に時間をとって表したものである。

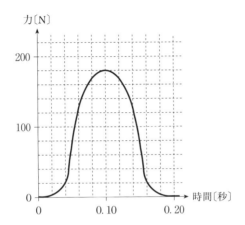

問1　壁が小球から受けた力積はおよそいくらか。　□1□ N·s

① 4　　　② 8　　　③ 12　　　④ 16

問2　この小球の質量は2kgで，壁にぶつかるときの速さは5m/sであった。はね返ったときの速さはおよそいくらか。　□2□ m/s

① 2　　　② 3　　　③ 4　　　④ 5

B−15　小球の運動量変化

力積と運動量に関する次の問いに答えよ。

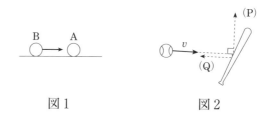

図1　　　　　図2

問1　図1のように，なめらかな水平面上を右に進んできた小球Bが，静止している小球Aに正面衝突する。この衝突について，正しい記述はどれか。　 1

① 衝突後，Aは必ず右へ進む。

② 衝突後，Bは必ず左へ進む。

③ AとBの質量が異なる場合は，AとBの運動量変化の大きさも異なる。

問2　図2のように，速さ v で飛んできたボールをバットで打つ場合を考える。飛んできた方向と垂直な方向に速さ v でボールが飛ばされる場合(P)と，飛んできた方向に速さ v でボールがはねかえされる場合(Q)について，正しい記述はどれか。　 2

① ボールが受ける力積の大きさは，場合（P）と場合（Q）で等しい。

② ボールが受ける力積の大きさは，場合（P）の方が場合（Q）より大きい。

③ ボールが受ける力積の大きさは，場合（P）の方が場合（Q）より小さい。

B−16　小球と面との衝突

　図のように，質量 m の小球がなめらかな面に，45°の方向から速さ v で衝突し，衝突後は面に対して30°の方向にはね返った。面との衝突時，小球が面から受ける力は面に垂直な方向であるものとし，重力の影響は無視できるものとする。

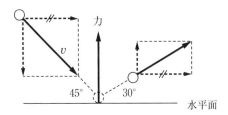

問1　小球の面に沿った速度成分は衝突前後で変化しない。衝突後の小球の速さを求めよ。　**1**

①　$\dfrac{1}{3}v$　　②　$\dfrac{\sqrt{3}}{3}v$　　③　$\dfrac{\sqrt{2}}{3}v$　　④　$\dfrac{\sqrt{6}}{3}v$

問2　面との衝突時に，小球が面から受ける力積の大きさを求めよ。　**2**

①　$\dfrac{3\sqrt{2}+\sqrt{6}}{6}mv$　　　　②　$\dfrac{3\sqrt{2}-\sqrt{6}}{6}mv$

③　$\dfrac{2\sqrt{2}}{3}mv$　　　　④　$\dfrac{\sqrt{2}}{3}mv$

A－17 反発係数

　図は，小球 A と小球 B の衝突直前と衝突直後の速度の様子である。矢印は速度の向きを表し，その上の数値あるいは文字は速さを表している。それぞれの場合について，反発係数を求めよ。

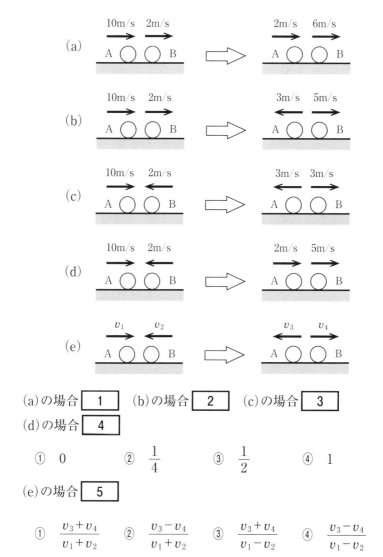

(a)の場合 ┃ 1 ┃　(b)の場合 ┃ 2 ┃　(c)の場合 ┃ 3 ┃

(d)の場合 ┃ 4 ┃

① 0　　　② $\dfrac{1}{4}$　　　③ $\dfrac{1}{2}$　　　④ 1

(e)の場合 ┃ 5 ┃

① $\dfrac{v_3+v_4}{v_1+v_2}$　② $\dfrac{v_3-v_4}{v_1+v_2}$　③ $\dfrac{v_3+v_4}{v_1-v_2}$　④ $\dfrac{v_3-v_4}{v_1-v_2}$

A－18　2球の衝突

なめらかな水平面上を，右向きに速さ $5.0\,\mathrm{m/s}$ で進む質量 $2.4\,\mathrm{kg}$ の小球 A と，左向きに速さ $2.0\,\mathrm{m/s}$ で進む質量 $3.6\,\mathrm{kg}$ の小球 B が正面衝突した。衝突後，A は左向きに $1.0\,\mathrm{m/s}$ の速さで進んだ。

問1　衝突前後で，A と B の運動量の和は変化しない。衝突後の B の運動に関して正しい記述を選べ。　1

① 　右向きに速さ $2.0\,\mathrm{m/s}$ で進む。

② 　右向きに速さ $4.0\,\mathrm{m/s}$ で進む。

③ 　左向きに速さ $2.0\,\mathrm{m/s}$ で進む。

④ 　左向きに速さ $4.0\,\mathrm{m/s}$ で進む。

問2　A と B の間の反発係数(はね返り係数) e の値を求めよ。

$e = \boxed{}\ .\ \boxed{} \times 10^{-1}$

① 　1　　　　② 　2　　　　③ 　3　　　　④ 　4　　　　⑤ 　5

⑥ 　6　　　　⑦ 　7　　　　⑧ 　8　　　　⑨ 　9　　　　⓪ 　0

B－19　運動量保存則

　図のように，曲面をもつ台Ｐを水平面上に置き，Ｐの曲面上から小球Ｑをすべらせる。このとき，Ｐ，Ｑともに運動を始める。この運動において，Ｐ，Ｑの運動量と力学的エネルギーはどのようになるか。

問1　Ｐと水平面との間，および，Ｐの曲面とＱの間の摩擦力が無視できる場合。　| 1 |

① 　Ｐ，Ｑの水平方向の運動量の和も力学的エネルギーの和も一定に保たれる。

② 　Ｐ，Ｑの水平方向の運動量の和も力学的エネルギーの和も一定に保たれない。

③ 　Ｐ，Ｑの水平方向の運動量の和は一定に保たれるが，力学的エネルギーの和は一定に保たれない。

④ 　Ｐ，Ｑの水平方向の運動量の和は一定に保たれないが，力学的エネルギーの和は一定に保たれる。

問2　Ｐと水平面との間の摩擦力は無視でき，Ｐの曲面とＱの間の摩擦力は無視できない場合。　| 2 |　（選択肢は**問1**と共通）

B－20 台車と人の運動

　質量 M の台車上に質量 m の人が立って，全体が静止している。台車と水平面との間の摩擦力は無視できるものとする。

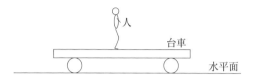

問1　人が台車上で歩き始めると台車も水平面上で動き始める。水平面に対する台車の速さが V になった瞬間の，水平面に対する人の速さを v とする。v と V の間に成り立つ式を求めよ。　<u>　1　</u>

① $mv + MV = 0$ 　　　　② $mv - MV = 0$

③ $m(V-v) + MV = 0$ 　　④ $m(V-v) - MV = 0$

問2　水平面に対する台車の移動距離が L のとき，人が水平面に対して移動した距離はいくらか。なお，この運動において，台車と人からなる系の重心の位置は静止することがわかっている。　<u>　2　</u>

① $\dfrac{mL}{m+M}$ 　　　　② $\dfrac{ML}{m+M}$

③ $\dfrac{ML}{m}$ 　　　　④ $\dfrac{mL}{M}$

§4 慣性力

A－21 慣性力

右に $3\,\mathrm{m/s^2}$ の加速度で運動している列車がある。列車の天井から，糸で小球 A をつり下げると，鉛直線と糸がある角度をなす状態で，A が列車に対して静止する。A の質量を $3\,\mathrm{kg}$，重力加速度の大きさを $9.8\,\mathrm{m/s^2}$ とする。

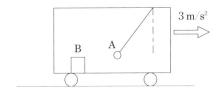

問1 列車内から見て，A にはたらく慣性力の向きと大きさはどうなるか。　1

① 右向き，$9\,\mathrm{N}$ ② 左向き，$9\,\mathrm{N}$

③ 上向き，$9\,\mathrm{N}$ ④ 下向き，$9\,\mathrm{N}$

問2 A を支えている，糸の張力の大きさはいくらか。　2　N

① 21   ② 31   ③ 42   ④ 58

問3 列車の床に，質量 $10\,\mathrm{kg}$ の物体 B が置いてあり，B は列車に対して静止している。B が列車の床から受ける静止摩擦力の向きと大きさはどうなるか。　3

① 右向き，$30\,\mathrm{N}$ ② 左向き，$30\,\mathrm{N}$

③ 上向き，$30\,\mathrm{N}$ ④ 下向き，$30\,\mathrm{N}$

A－22　エレベータ内の慣性力

　図は，エレベータが動き出してから上の階で静止するまでの速度（上向き正）と時間の関係である。重力加速度の大きさを $9.8\,\mathrm{m/s}^2$ とする。

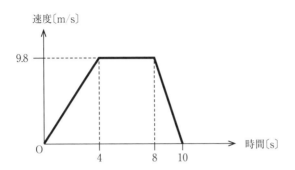

問 1　時間が 0s から 4s の間において，エレベータ内の人にはたらく慣性力の大きさは，その人にはたらく重力の大きさの何倍か。

　　　| 1 |　倍

① $\dfrac{1}{4}$　　　② $\dfrac{1}{2}$　　　③ 2　　　④ 4

（次頁に続く）

問2 エレベータ内で静止している人がエレベータの床から受ける垂直抗力の大きさと時間の関係を表すグラフを選べ。 2

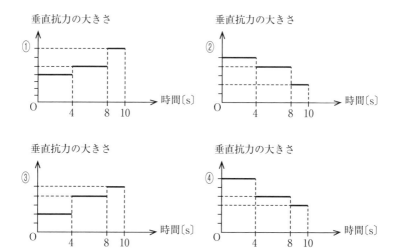

B－23　斜面をすべる箱

　図のように，なめらかな斜面上を箱がすべり落ちている。箱の中には小物体が置かれ，箱の中央部分で箱に対して静止していた。重力加速度の大きさを g，小物体の質量を m，斜面の傾角を θ とする。

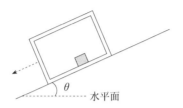

問1　箱の加速度の大きさは $g \sin \theta$ である。小物体が箱の内面から受ける静止摩擦力に関して，最も適当なものを選べ。　| 1 |

①　静止摩擦力の向きは，斜面に沿って上向きである。

②　静止摩擦力の向きは，斜面に沿って下向きである。

③　静止摩擦力の向きは，箱の質量と小物体の質量の組合せで決まる。

④　静止摩擦力を受けていない。

問2　小物体が箱の内面から受ける垂直抗力に関して，最も適当なものを選べ。　| 2 |

①　垂直抗力の大きさは，$mg \cos \theta$ より大きい。

②　垂直抗力の大きさは，$mg \cos \theta$ より小さい。

③　垂直抗力の大きさは，$mg \cos \theta$ である。

④　垂直抗力を受けていない。

B−24 電車内の慣性力

重力加速度の大きさを g として，次の会話中の空欄を埋めよ。

生徒：大きさ a の加速度で電車が動いているとき，電車の中の質量 m
　　　の物体には大きさ $\boxed{1}$ の慣性力がはたらきますが，慣性力
　　　は電車の天井や床を通してはたらくのですか。

先生：違います。多くの力は接触点で生まれるので，力は何かを通し
　　　てはたらくといったイメージが強いですが，慣性力は接触する
　　　ものがなくてもはたらきます。正確には，電車内の人から見る
　　　と，はたらいているように見えるということですかね。

生徒：じゃあ，糸がつながっていなくても重力以外に慣性力がはたら
　　　いているのですか。

先生：そうです。ですから，電車の天井から糸でつるされて静止して
　　　いる物体があり，その糸を静かに切ると，電車内の人は物体が
　　　糸を含む一直線上を大きさ $\boxed{2}$ の加速度で運動するように
　　　見えます。

$\boxed{1}$ の選択肢

① $\dfrac{m}{a}$ 　　② $\dfrac{a}{m}$ 　　③ ma 　　④ $\dfrac{1}{2}ma^2$

$\boxed{2}$ の選択肢

① $a+g$ 　　② $|a-g|$ 　　③ $\sqrt{a^2+g^2}$ 　　④ $\sqrt{|a^2-g^2|}$

§5 円運動

A−25 円運動の基本

物体が半径 r の円軌道上を速さ v で等速円運動している。

問1 円運動の周期 T を求めよ。$T = \boxed{\quad 1 \quad}$

① $\dfrac{v}{2\pi r}$ 　　② $\dfrac{\pi r}{v}$ 　　③ $\dfrac{2\pi r}{v}$ 　　④ $\dfrac{2\pi v}{r}$

問2 円運動の角速度 ω を求めよ。$\omega = \boxed{\quad 2 \quad}$

① $\dfrac{v}{2r}$ 　　② $\dfrac{r}{v}$ 　　③ $\dfrac{v}{r}$ 　　④ $\dfrac{2v}{r}$

問3 物体の加速度（向心加速度）の大きさ a を求めよ。$a = \boxed{\quad 3 \quad}$

① $\dfrac{\omega^2}{r}$ 　　② $\dfrac{r^2}{\omega}$ 　　③ $\dfrac{v}{r^2}$ 　　④ $v\omega$

問4 円運動の単位時間あたりの回転数 f を求めよ。$f = \boxed{\quad 4 \quad}$

① $\dfrac{\omega}{2\pi}$ 　　② $\dfrac{2\pi}{\omega}$ 　　③ $2\pi\omega$ 　　④ $\dfrac{1}{2\pi\omega}$

A−26　等速円運動

　水平でなめらかな板上の点Oに糸の一端をつなぎ，糸の他端に小球をつなぐ。小球を板の上に乗せ，糸がたるまないようにしておいて，糸に垂直な向きに小球をはじいたところ，小球は板上で等速円運動を続けた。

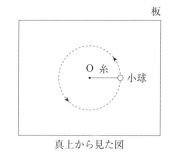

真上から見た図

問1　静止した観測者から見るとき，小球にはたらく水平方向の力はどのようになるか。 1

問2　小球とともに板上で等速円運動する観測者から見るとき，小球にはたらく水平方向の力はどのようになるか。 2

1 ・ 2 の選択肢

① 遠心力だけがはたらく

② 合力はゼロである。

③ 遠心力と向心力と糸の張力がはたらく

④ 糸の張力と向心力がはたらく。

⑤ 糸の張力が向心力としてはたらく。

⑥ 合力の向きは円軌道の外側を向く。

⑦ 合力の向きは円軌道の接線方向である。

A－27　等速円運動の式

　水平でなめらかな板の小穴Oに糸を通し，質量 m の小球Pを糸の上端につなぎ，質量 M の小球Qを糸の下端につなぐ。Pを板の上に置き，速さ v，半径 r，中心Oの等速円運動をさせたところ，Qは支えなしで静止した。重力加速度の大きさを g とする。

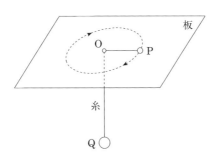

問1　円運動の周期と角速度はいくらか。

　　周期：　$\boxed{\ 1\ }$　，角速度：　$\boxed{\ 2\ }$

　　$\boxed{\ 1\ }$・$\boxed{\ 2\ }$ の選択肢

①　$\dfrac{2\pi r}{v}$　　　②　$\dfrac{v}{2\pi r}$　　　③　$\dfrac{r}{v}$　　　④　$\dfrac{v}{r}$

問2　小球Pの速さ v はいくらか。$v=\boxed{\ 3\ }$

①　$\sqrt{gr}$　　　　②　$\sqrt{\dfrac{mgr}{M}}$　　　③　$\sqrt{\dfrac{mgr}{M+m}}$

④　$\sqrt{\dfrac{Mgr}{m}}$　　　⑤　$\sqrt{\dfrac{Mgr}{M+m}}$

A－28　円すい振り子

　長さ ℓ の糸の先端に質量 m の小球 A をつけ，糸の上端を固定して円すい振り子として A を回転させる。糸が鉛直線となす角度を θ とする。重力加速度の大きさを g とする。

問1　糸の張力の大きさを S とする。鉛直方向について成り立つ式はどれか。　■ 1 ■

① $S \sin\theta = mg$　　② $S \cos\theta = mg$　　③ $S \tan\theta = mg$

④ $S = mg \sin\theta$　　⑤ $S = mg \cos\theta$　　⑥ $S = mg \tan\theta$

問2　A の速さはいくらか。　■ 2 ■

① $\cos\theta \sqrt{\dfrac{g\ell}{\sin\theta}}$　　　　② $\sin\theta \sqrt{\dfrac{g\ell}{\cos\theta}}$

③ $\dfrac{1}{\cos\theta} \sqrt{g\ell \sin\theta}$　　　　④ $\dfrac{1}{\sin\theta} \sqrt{g\ell \cos\theta}$

問3　A の円運動の周期はいくらか。　■ 3 ■

① $2\pi \sqrt{\dfrac{\ell \sin\theta}{g}}$　　② $2\pi \sqrt{\dfrac{\ell \cos\theta}{g}}$　　③ $2\pi \sqrt{\dfrac{\ell \tan\theta}{g}}$

④ $2\pi \sqrt{\dfrac{\ell}{g \sin\theta}}$　　⑤ $2\pi \sqrt{\dfrac{\ell}{g \cos\theta}}$　　⑥ $2\pi \sqrt{\dfrac{\ell}{g \tan\theta}}$

A－29　振り子

　長さ ℓ の糸に質量 m の小球 A をつけ，糸の上端を天井に固定する。糸が鉛直線と $60°$ の角をなす位置で A を静かに放す。重力加速度の大きさを g とする。A が最下点を通過するときを考える。

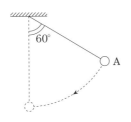

問1　A の速さはいくらか。　　$\boxed{1}$

　① $\sqrt{2g\ell}$　　② $\sqrt{g\ell}$　　③ $\sqrt{\dfrac{1}{2}g\ell}$　　④ $\sqrt{\dfrac{g}{2\ell}}$

問2　A の加速度の向きと大きさはどうなるか。　$\boxed{2}$

　① 鉛直下向きに $2g$　　② 鉛直上向きに $2g$

　③ 鉛直下向きに g　　④ 鉛直上向きに g

問3　糸の張力の大きさはいくらか。　$\boxed{3}$

　① mg　　② $2mg$　　③ $3mg$　　④ 0

B－30　鉛直面内の円運動

　図はなめらかに接続された半円筒面，水平な床，斜面の断面図である。ABC は O を中心として半径 $2h$ の半円をなしている。斜面に沿って質点に初速度を与えて，点 S より落下させる。面はすべてなめらかなものとし，重力加速度の大きさを g とする。

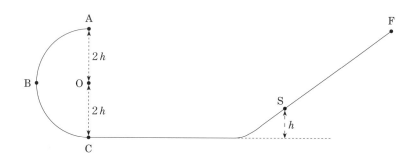

問1　質点が半円上の高さ $2h$ の点 B に到達するために必要な，最小の初速度の大きさはいくらか。　　[　1　]

①　$\sqrt{gh}$　　　②　$\sqrt{2gh}$　　　③　$2\sqrt{gh}$　　　④　$4\sqrt{gh}$

問2　質点が，かろうじて半円を離れることなく点 A に到達したとする。このとき，点 A における質点の速さはいくらか。　　[　2　]

①　0　　　　②　$\sqrt{\dfrac{1}{2}gh}$　　　③　$\sqrt{gh}$　　　④　$\sqrt{2gh}$

§6 単振動

A－31 単振動の基本式

　図のように，x 軸上で振幅 A，周期 T の単振動を続けている小球がある。単振動の中心を原点 O とする。

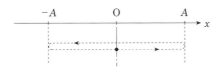

問1　この単振動の角振動数 ω を求めよ。$\omega =$ 1

① $\dfrac{2\pi}{T}$　　② $\dfrac{T}{2\pi}$　　③ $2\pi AT$　　④ $\dfrac{2\pi}{A}$　　⑤ $\dfrac{A}{2\pi}$

問2　小球が原点 O を通過するときの速さ v_0 を求めよ。$v_0 =$ 2

① $\dfrac{A}{\omega}$　　② $\dfrac{\omega}{A}$　　③ $A\omega$　　④ $A\omega^2$　　⑤ $A^2\omega$

問3　小球が $x = A$ に達した瞬間における加速度を求めよ。 3

① $A\omega$　　② $-A\omega$　　③ $A\omega^2$　　④ $-A\omega^2$

B－32　単振動の位置，速度，加速度

x 軸に沿って小球が原点 O $(x = 0)$ を中心に，振幅 A，角振動数 ω の単振動をしている。小球の位置が $x = A$ になる瞬間を時刻 $t = 0$ とする。

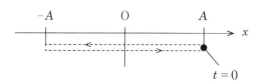

$t = 0$

問1　小球の位置 x を時刻 t を用いて表せ。　　| 1 |

① $x = A \sin \omega t$ ② $x = -A \sin \omega t$

③ $x = A \cos \omega t$ ④ $x = -A \cos \omega t$

問2　小球の速度 v を時刻 t を用いて表せ。　　| 2 |

① $v = A\omega \sin \omega t$ ② $v = -A\omega \sin \omega t$

③ $v = A\omega \cos \omega t$ ④ $v = -A\omega \cos \omega t$

問3　小球の加速度 a を時刻 t を用いて表せ。　　| 3 |

① $a = A\omega^2 \sin \omega t$ ② $a = -A\omega^2 \sin \omega t$

③ $a = A\omega^2 \cos \omega t$ ④ $a = -A\omega^2 \cos \omega t$

A－33　ばね振り子

　なめらかな水平面上に，ばね
定数 k〔N/m〕のばねを置く。
ばねの一端を固定し，他端に質
量 m〔kg〕のおもり P をとりつ
ける。ばねを，自然長から長さ
d〔m〕だけ押し縮め，P を静か
に放す。その後，P は単振動を続けた。

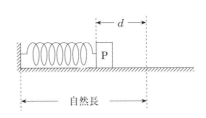

問1　ばねが，自然長から長さ d〔m〕だけ押し縮められているとき，
　　　ばねの弾性力の大きさはいくらか。　□ 1 □〔N〕また，ばねの弾性
　　　エネルギーはいくらか。　□ 2 □〔J〕

　　① $\dfrac{1}{2}kd$　　　② $\dfrac{1}{2}kd^2$　　　③ kd　　　④ kd^2

問2　P を静かに放してから，ばねの長さがはじめて最大になるまで
　　　の時間はいくらか。　□ 3 □〔s〕

　　① $2\pi\sqrt{\dfrac{m}{k}}$　　　② $\pi\sqrt{\dfrac{m}{k}}$　　　③ $\dfrac{\pi}{2}\sqrt{\dfrac{m}{k}}$

　　④ $2\sqrt{\dfrac{m}{k}}$　　　⑤ $\sqrt{\dfrac{2m}{k}}$　　　⑥ $\sqrt{\dfrac{m}{2k}}$

問3　ばねの長さが自然長になるときの，P の速さはいくらか。
　　　□ 4 □〔m/s〕

　　① $d\sqrt{\dfrac{2k}{m}}$　　② $d\sqrt{\dfrac{k}{2m}}$　　③ $2d\sqrt{\dfrac{k}{m}}$　　④ $d\sqrt{\dfrac{k}{m}}$

A－34　単振り子

次の文中の空欄に入れるべきものを，それぞれの選択肢のうちから選べ。

図のように，糸の長さ ℓ，おもりの質量 m の単振り子が振動をしている。おもりのつりあい位置 O からの水平右向きの変位を x とする。重力加速度の大きさを g とする。

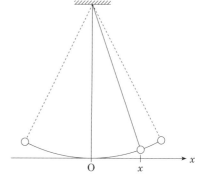

おもりには 1 と糸の 2 がはたらく。$|x|$ が ℓ に比べて十分に小さいとき，おもりは近似的に水平方向に運動していると考えられる。このとき，おもりにはたらく力の合力は，$-\dfrac{mg}{\ell}x$ と表すことができる。この合力は，ばね定数が 3 のばねの復元力と同じに見なすことができるので，この単振り子の周期は 4 となる。

1 と 2 の選択肢

① 向心力　② 重力　③ 張力　④ 垂直抗力

3 の選択肢

① $\dfrac{mg}{\ell}$　② $\dfrac{\ell}{mg}$　③ $\dfrac{g}{\ell}$　④ $\dfrac{\ell}{g}$

4 の選択肢

① $2\pi\sqrt{\dfrac{\ell}{g}}$　② $2\pi\sqrt{\dfrac{g}{\ell}}$　③ $2\pi\sqrt{\dfrac{\ell}{mg}}$　④ $2\pi\sqrt{\dfrac{mg}{\ell}}$

B－35　斜面上の単振動

　水平面に対する角度が θ のなめら
かな斜面がある。斜面上に軽いばねが
置かれ，ばねの上端は斜面に固定され，
ばねの下端には小球が付けられている。
ばねが自然の長さになる位置で小球を

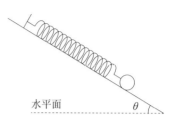

水平面　　　　　　　　　　　θ

支え，支えを静かに外すと小球は斜面上で単振動をした。斜面の角度
を，$\theta = 30°$，$40°$，$50°$，$60°$ に固定して同じ実験を繰り返すものとする。

問　単振動の周期 T と角度 θ の関係を測定したグラフ，および振幅 A
　　と角度 θ の関係を測定したグラフとして最も適当なものを，それ
　　ぞれ選べ。周期：$\boxed{1}$，振幅：$\boxed{2}$

　　$\boxed{1}$，$\boxed{2}$ の選択肢

B −36　浮力による単振動

　図のように，水面に断面積 S，長さ L
の細長い棒を浮かべたところ，水面より
上の部分の棒の長さが d のときつり
あって静止した。水の密度を ρ，重力加
速度の大きさを g とする。また，棒は傾
くことなく常に鉛直を保ち，棒の運動に
対する水の抵抗は無視できるものとする。

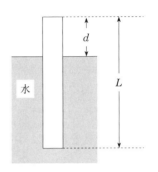

問1　図の状態から棒をさらに $x\,(<d)$ だけ沈めておくために加える
　　　力の大きさ F_x を求めよ。$F_x =$ 　1　

　① $\dfrac{Sx}{\rho g}$　　　　② $\dfrac{\rho g x}{S}$　　　　③ $\dfrac{x}{\rho g S}$

　④ $\rho S g x$　　　　⑤ $\dfrac{d+x}{L}\rho S g$　　　⑥ $\dfrac{d+x}{L-d}\rho S g$

問2　$x\,(<d)$ だけ沈めたのち，棒を静かに放すと棒は単振動をした。
　　　その周期 T を求めよ。ただし，運動の途中で棒全体が空中に飛び
　　　出ることはないものとする。$T =$ 　2　

　① $2\pi\sqrt{\dfrac{L}{g}}$　　　② $2\pi\sqrt{\dfrac{L-d}{g}}$　　　③ $2\pi\sqrt{\dfrac{d}{g}}$

　④ $2\pi\sqrt{\dfrac{L-d}{\rho g}}$　　⑤ $2\pi\sqrt{\dfrac{\rho}{g}}$　　　⑥ $2\pi\sqrt{\dfrac{L-d}{\rho}}$

§7 万有引力

A－37 重力加速度

地球を完全な球と見なし，その質量を M，半径を R とする。万有引力定数を G とする。地球の自転は無視できる。

問1 地表において，質量 m の物体が受ける万有引力の大きさはいくらか。☐1

① $\dfrac{GmM}{R}$ ② $\dfrac{GmM}{R^2}$ ③ $\dfrac{GmM^2}{R}$ ④ $\dfrac{Gm^2M}{R}$

問2 地表における重力加速度の大きさはいくらか。☐2

① $\dfrac{GM}{R}$ ② $\dfrac{GM}{R^2}$ ③ $\dfrac{GM^2}{R}$ ④ $\dfrac{GmM}{R}$

問3 地表から高さ R の位置における重力加速度の大きさは，地表における重力加速度の大きさの何倍か。☐3 倍

① $\dfrac{1}{4}$ ② $\dfrac{1}{2}$ ③ 2 ④ 4

B－38　人工衛星

　地球を質量が M で，中心が O，半径 R の一様な球とみなし，万有引力定数を G とし，地球の自転や公転は無視できるものとする。O を中心にした半径 r（$r > R$）の円軌道上を等速円運動している人工衛星がある。

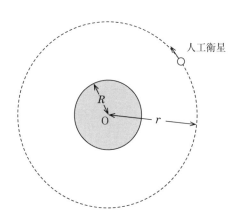

人工衛星

問1　この人工衛星の向心加速度の大きさを求めよ。　<u>1</u>

　① $G\dfrac{M}{R^2}$　　② $G\dfrac{M}{r^2}$　　③ $2G\dfrac{M}{R^2}$　　④ $2G\dfrac{M}{r^2}$

問2　この人工衛星の速さを求めよ。　<u>2</u>

　① $\sqrt{\dfrac{GM}{R}}$　　② $\sqrt{\dfrac{GM}{r}}$　　③ $\sqrt{\dfrac{GM}{2R}}$　　④ $\sqrt{\dfrac{GM}{2r}}$

問3　この人工衛星の周期を求めよ。　<u>3</u>

　① $2\pi R\sqrt{\dfrac{R}{GM}}$　　　　　② $2\pi r\sqrt{\dfrac{R}{GM}}$

　③ $2\pi R\sqrt{\dfrac{r}{GM}}$　　　　　④ $2\pi r\sqrt{\dfrac{r}{GM}}$

B−39 重さと万有引力の関係

　以下の文章中の空欄に入れるものとして最も適当なものを，それぞれの直後の｛ ｝で囲んだ選択肢のうちから一つずつ選べ。

　物体の重さを測定するとき，赤道上で測定するより極地（南極や北極）で測定する方が測定値が　1　｛①大きく，②小さく｝なる。これは，地球の自転による遠心力が原因である。地球を完全な球体と考え，地球の半径を 6.4×10^6 m とする。自転による角速度は　2　｛①0.3，②3.3，③5.6，④6.4，⑤7.3｝$\times 10^{-5}$rad/s なので，質量 10 kg の物体の重さの測定では，極地と赤道上で　3　｛①0.3，②3.3，③5.6，④6.4，⑤7.3｝N の差が生じる。

　次に，地球の表面から鉛直上向きに速さ v_0 で小物体を投げ出したときの到達点の高さを考える。ここでは，地球の自転と空気抵抗を無視する。小物体の加速度を一定とみなし，その大きさを地表における重力加速度の大きさ g とすると，到達点の地表からの高さは　4

｛①$\dfrac{v_0^2}{2g}$，②$\dfrac{v_0^2}{g}$，③$\dfrac{2v_0^2}{g}$，④$\dfrac{4v_0^2}{g}$｝である。しかし，万有引力の大きさは地表からの高さによって異なるので，到達点の高さは　4　より　5　｛①大きく，②小さく｝なる。

B −40 万有引力の位置エネルギー

地球の質量を M，半径を R，万有引力定数を G とし，空気抵抗および地球の自転や公転は無視できるものとする。地球の中心から距離 x（$x \geqq R$）の位置にある質量 m の物体の位置エネルギー U は，無限遠方（$x = \infty$）を基準として，$U = -G\dfrac{mM}{x}$ で与えられる。

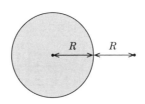

問1 地表からの高さが R の位置から小球を初速 0 で落下させる。小球が地表に衝突するときの速さを v として，このとき成り立つ力学的エネルギー保存則を求めよ。 `1`

① $G\dfrac{mM}{R} = \dfrac{1}{2}mv^2$

② $-G\dfrac{mM}{R} = \dfrac{1}{2}mv^2 - G\dfrac{mM}{2R}$

③ $2G\dfrac{mM}{R} = \dfrac{1}{2}mv^2$

④ $-G\dfrac{mM}{2R} = \dfrac{1}{2}mv^2 - G\dfrac{mM}{R}$

問2 地表から鉛直真上に小球を投げ上げる。小球が地球に戻ってこないためには，投げ上げる速さをいくら以上にすればよいか。 `2`

① $\sqrt{\dfrac{GM}{R}}$　　② $\sqrt{\dfrac{2GM}{R}}$　　③ $2\sqrt{\dfrac{GM}{R}}$　　④ $2\sqrt{\dfrac{2GM}{R}}$

B−41　ケプラーの法則

次の文中の空欄に入れるべきものを，それぞれの選択肢から選べ。

万有引力定数を G，地球の質量を M とする。図のように，だ円軌道を描きながら地球をまわっている人工衛星Pがある。Pの質量は m で，Pが近地点Aを通過する速さを v_A，遠地点Bを通過する速さを v_B とする。

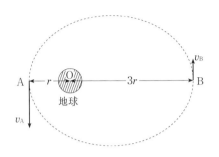

地球の中心Oと点Aとの距離を r，点Oと点Bとの距離を $3r$ とする。

点AにおけるPの面積速度は $\dfrac{1}{2}rv_A$ であり，点BにおけるPの面積速度は $\boxed{1}$ である。また，Pの力学的エネルギーは保存されるので，それを式で表すと，$\boxed{2}$ となる。

$\boxed{1}$ の選択肢

① $\dfrac{1}{3}rv_B$　　② $\dfrac{3}{2}rv_B^2$　　③ $\dfrac{1}{3}rv_B^2$　　④ $\dfrac{3}{2}rv_B$

$\boxed{2}$ の選択肢

① $\dfrac{1}{2}mv_A^2 + G\dfrac{mM}{r} = \dfrac{1}{2}mv_B^2 + G\dfrac{mM}{3r}$

② $\dfrac{1}{2}mv_A^2 - G\dfrac{mM}{r} = \dfrac{1}{2}mv_B^2 - G\dfrac{mM}{3r}$

③ $\dfrac{1}{2}mv_A^2 = \dfrac{1}{2}mv_B^2 - G\dfrac{mM}{2r}$

第2章

気 体 と 熱

（12題）

§1 気体の法則

A−42 気体の圧力

円筒容器に理想気体を入れ、なめらかに動くピストンで閉じ込める。ピストンを上にして床に置く場合とピストンを下にして天井からつるす場合について考える。円筒容器の質量を M、ピストンの質量を m、ピストンの面積を S、大気圧を P_0、重力加速度の大きさを g とする。

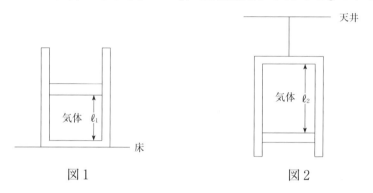

図1　　　　　　　　　図2

問1 図1の場合の気体の圧力 P_1 と図2の場合の気体の圧力 P_2 はいくらか。$P_1 = \boxed{1}$ 　　$P_2 = \boxed{2}$

① $P_0 + \dfrac{mg}{S}$ 　　② $P_0 - \dfrac{mg}{S}$ 　　③ $P_0 + \dfrac{Mg}{S}$

④ $P_0 - \dfrac{Mg}{S}$ 　　⑤ $P_0 + \dfrac{(m+M)g}{S}$ 　　⑥ $P_0 - \dfrac{(m+M)g}{S}$

問2 図1の場合と図2の場合とで、気体の温度が同じであるとすると、距離 ℓ_1、ℓ_2 の比 $\dfrac{\ell_1}{\ell_2}$ はいくらか。$\boxed{3}$

① $\dfrac{P_1}{P_2}$ 　　② $\dfrac{P_2}{P_0}$ 　　③ $\dfrac{P_0}{P_1}$ 　　④ $\dfrac{P_2}{P_1}$

A－43　状態方程式

理想気体に関して，次の各問いに答えよ。

問1　理想気体の圧力が大きくなる状態変化を二つ選べ。

　　[1]，[2]

　① 体積を一定に保ち，温度を上げる。

　② 温度を一定に保ち，体積を大きくする。

　③ 体積を3倍にし，温度を2倍にする。

　④ 体積と温度をともに3倍にする。

　⑤ 体積を2倍にし，温度を3倍にする。

問2　アボガドロ定数を6.0×10^{23} /mol，気体定数を8.3 J/(mol·K)
とする。容積0.83 m^{3}の容器に入れられた理想気体の圧力が
2.0×10^4 N/m^2，温度が4.0×10^2 K であった。この気体の物質量
(モル数)と分子の個数を求めよ。

　物質量：[3] mol

　分子の数：[4] $\times 10^{24}$ 個

　[3]・[4]の選択肢

　① 1.0　　② 2.0　　③ 3.0　　④ 4.0　　⑤ 5.0

A－44　圧力－体積グラフ

　理想気体があり，状態 A では圧力が P，体積が V，絶対温度が T である。まず，状態 A から体積を一定に保ち，圧力が $3P$ の状態 B に変化させる。次に，状態 B から温度を一定に保ち，圧力が P の状態 C に変化させる。最後に，状態 C から圧力を一定に保ち，状態 A に戻す。

問1　状態 C の体積を求めよ。　　1

　　① $\dfrac{1}{9}V$　　② $\dfrac{1}{3}V$　　③ V　　　④ $3V$　　　⑤ $9V$

問2　気体の圧力を縦軸にとり，体積を横軸にとって，この間の変化を表せ。　2

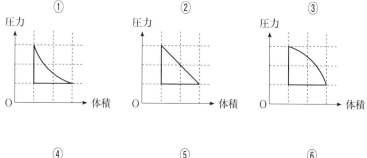

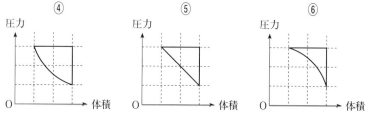

A－45　気体の分子運動

単原子分子からなる n〔mol〕の理想気体の状態が，圧力 P〔N/m^2〕，体積 V〔m^3〕，温度 T〔K〕に保たれている。この気体の分子1個の質量を m〔kg〕，速さの2乗の平均値を $\overline{v^2}$〔m^2/s^2〕とする。アボガドロ数を N_A〔1/mol〕とすると，次式が成り立つ。

$$P = \frac{n N_A m \overline{v^2}}{3 V} \ \text{〔N/m}^2\text{〕}$$

気体定数を R〔J/mol・K〕とする。

問1　分子1個の運動エネルギーの平均値はいくらか。

　　　$\boxed{\quad 1 \quad}$〔J〕

　① $\dfrac{3 N_A T}{2 R}$　　② $\dfrac{3 R T}{2 N_A}$　　③ $\dfrac{2 N_A T}{3 R}$　　④ $\dfrac{2 R T}{3 N_A}$

問2　分子の運動エネルギーの総和（内部エネルギー）はいくらか。

　　　$\boxed{\quad 2 \quad}$〔J〕

　① PV　　　　② $\dfrac{3}{2} PV$　　　③ $\dfrac{2}{3} PV$　　　④ $\dfrac{1}{3} PV$

B－46　気体の混合

　理想気体の混合に関して，先生と生徒が会話している。会話文の中の空欄を埋めよ。

先生：容積 V〔m^3〕の容器 A と容積 $2V$〔m^3〕の容器 B をコックのついた細い管でつなぎます。はじめ，容器 A 内には温度 T〔K〕，圧力 P〔Pa〕の理想気体が閉じ込められており，容器 B 内には温度 $2T$〔K〕，圧力 $3P$〔Pa〕の同じ理想気体が閉じ込められているとします。このときの物質量，すなわちモル数を計算しましょう。ここでは，気体定数を R〔J/(mol·K)〕とします。

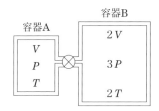

生徒：容器 A 内の気体の物質量(モル数)は　1　〔mol〕で，容器 B 内は　2　〔mol〕です。

先生：それでは，コックを開いて気体を混合させます。混合後の温度を T'〔K〕，圧力を P'〔Pa〕とすると，混合後の全体の物質量はいくらになるかな。

生徒：それは　3　〔mol〕です。

先生：そうだね。ところで，物質量というのはアボガドロ定数を単位として計った分子の数のことだから，混合前と混合後で合計が変化することはないよね。このことから，$P' = $　4　$× T'$という関係式が導かれます。

生徒：わかりました。物質量の和が変化しないというのがポイントで

すね。ところで先生，容器 A，B に入っている気体の種類が異なる場合でも，物質量の和は変化しないのですか。

先生：実は，　5　のだよ。

　1　・　2　の選択肢

① $\dfrac{2PV}{3RT}$　　② $\dfrac{PV}{RT}$　　③ $\dfrac{3PV}{2RT}$　　④ $\dfrac{3PV}{RT}$

　3　の選択肢

① $\dfrac{P'V}{3RT'}$　　② $\dfrac{2P'V}{3RT'}$　　③ $\dfrac{P'V}{RT'}$　　④ $\dfrac{3P'V}{RT'}$

　4　の選択肢

① $\dfrac{2P}{3T}$　　② $\dfrac{3P}{4T}$　　③ $\dfrac{P}{T}$　　④ $\dfrac{4P}{3T}$

　5　の選択肢

① 同じ種類の理想気体の場合だけ変化しない

② どんな理想気体の混合でも変化しない

§2 熱力学第1法則

A－47 気体がする仕事

気体のする（される）仕事に関する次の問いの答えを，それぞれ選択肢のうちから選べ。

問1 図のようにシリンダー内に気体を入れ，ピストンで閉じ込める。大気中でシリンダーを水平面に固定する。次の各変化のうち気体が正の仕事をされるのはどれか。 [1]

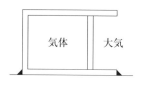

① ピストンに右向きの外力を加え，ピストンを右に移動させる。

② ピストンを固定し，気体に熱を加え，温度を上げる。

③ ピストンを自由に動けるようにし，気体から熱を奪って，温度を下げる。

④ ピストンを自由に動けるようにし，気体に熱を加え，温度を上げる。

問2 気体の圧力を一定値 P に保ち，気体の体積を ΔV だけ大きくする。この変化に関する正しい文を選べ。 [2]

① 気体がした仕事は $-P \cdot \Delta V$ である。

② 気体がされた仕事は $P \cdot \Delta V$ である。

③ 気体がした仕事は $P \cdot \Delta V$ である。

④ 気体は仕事をしないし，されない。

A－48　内部エネルギーと温度

単原子分子からなる n〔mol〕の気体の温度を 1〔K〕だけ上げるとき，内部エネルギーはどのように変化するか。ただし，気体定数を R〔J/mol·K〕とする。　1

① 体積も同時に大きくすると，内部エネルギーの変化量は $\frac{3}{2}nR$〔J〕より大きくなる。

② 圧力も同時に大きくすると，内部エネルギーの変化量は $\frac{3}{2}nR$〔J〕より小さくなる。

③ 圧力や体積にかかわらず，内部エネルギーの変化量は $\frac{3}{2}nR$〔J〕である。

④ 内部エネルギーは変化しない。

A－49　熱力学第1法則

一定量の理想気体を，状態Aから始めて，次の変化をさせた。

過程Ⅰ…温度を一定に保ちながら，体積を大きくする。このとき，気体が32Jの熱を吸収した。

過程Ⅱ…体積を一定に保ちながら，気体から熱を奪い，圧力を小さくする。このとき，気体の内部エネルギーが20Jだけ減少した。

過程Ⅲ…気体を断熱圧縮する。このとき，気体は20Jの仕事をされた。

問1　過程Ⅰにおいて，気体の内部エネルギーの変化量はいくらか。　 1   J また，気体がした仕事はいくらか。　 2   J

① 48　　　② －48　　　③ 32　　　④ －32

⑤ 20　　　⑥ －20　　　⑦ 0

問2　過程Ⅱにおいて，気体がした仕事はいくらか。　 3   J また，気体が放出した熱量はいくらか。　 4   J

① 30　　　② －30　　　③ 20　　　④ －20

⑤ 12　　　⑥ －12　　　⑦ 0

問3　過程Ⅲにおいて，気体の内部エネルギーの変化量はいくらか。　 5   J

① 32　　　② －32　　　③ 20　　　④ －20

⑤ 8　　　⑥ －8　　　⑦ 0

B－50 等温変化と断熱変化

単原子分子の理想気体1モルがあり，はじめ，その圧力はP_A，体積はV_Aである。この気体の状態を，等温変化と断熱変化で，体積V_B（$V_A < V_B$）の状態にする。

問1 等温変化において，気体がした仕事をW'とする。このとき気体が吸収した熱量はいくらか。 $\boxed{1}$

① 0 ② W' ③ $-W'$ ④ $P_A V_A + W'$ ⑤ $P_A V_A - W'$

問2 断熱変化後の気体の圧力をP_Bとする。このとき，気体の内部エネルギーはいくら増加したか。$\boxed{2}$ また，気体が外にした仕事はいくらか。 $\boxed{3}$

① 0

② $\dfrac{3}{2}(P_A V_A - P_B V_B)$

③ $\dfrac{3}{2}(P_B V_B - P_A V_A)$

④ $\dfrac{5}{2}(P_A V_A - P_B V_B)$

⑤ $\dfrac{5}{2}(P_B V_B - P_A V_A)$

⑥ $P_A V_A - P_B V_B$

⑦ $P_B V_B - P_A V_A$

B－51　熱力学第1，第2法則

次の文章中の空欄を埋めよ。

気体のエネルギーに関する重要法則に，熱力学第1法則と熱力学第2法則がある。熱力学第1法則は，熱と仕事を含む $\boxed{1}$ である。気体が放出する熱量を Q，気体が外からされる仕事を W，気体の内部エネルギーの減少量を $\varDelta U$ とすると，次式で表される。

$$\boxed{2}$$

熱力学第2法則は，熱は高温物体から低温物体に移動することを示す法則であるが，見方を変えると，$\boxed{3}$ と表現することもできる。

$\boxed{1}$ の選択肢

① 状態方程式　　　② 運動方程式　　　③ 運動量保存則
④ エネルギー保存則　⑤ ボイルの法則　⑥ シャルルの法則

$\boxed{2}$ の選択肢

① $Q = \varDelta U + W$　　② $Q = \varDelta U - W$　　③ $Q = -\varDelta U + W$
④ $Q = -\varDelta U - W$

$\boxed{3}$ の選択肢

① 熱機関の熱効率は1に等しくなる
② 熱機関の熱効率は1より小さくなる
③ 熱機関の熱効率は1より大きくなる

B－52 定積変化と定圧変化

シリンダーを鉛直に立て，その中に単原子分子からなる理想気体 n〔mol〕を入れ，なめらかに動くピストンで閉じ込める。気体定数を R〔J/(mol·K)〕とする。なお，単原子分子からなる理想気体の定積モル比熱は $\frac{3}{2}R$〔J/(mol·K)〕である。

問1 ピストンを固定した状態で気体に熱を加え，温度を ΔT〔K〕上昇させる。この間に気体に加えた熱量 Q_1〔J〕を求めよ。

$Q_1 = \boxed{\ \ 1\ \ }$

① $nR\Delta T$ ② $\frac{3}{2}nR\Delta T$ ③ $\frac{5}{2}nR\Delta T$

問2 ピストンを自由に動けるようにした状態で気体に熱を加え，温度を ΔT〔K〕上昇させる。この間に気体に加えた熱量を Q_2〔J〕とする。Q_2 と Q_1 の差 $Q_2 - Q_1$ を，ΔT を用いて表せ。また，差 $Q_2 - Q_1$ に等しい物理量を求めよ。$\boxed{\ \ 2\ \ }$

	$Q_2 - Q_1$	$Q_2 - Q_1$ に等しい物理量
①	$nR\Delta T$	問1における内部エネルギーの変化
②	$nR\Delta T$	問2における内部エネルギーの変化
③	$nR\Delta T$	問2における気体がした仕事
④	$\frac{3}{2}nR\Delta T$	問1における内部エネルギーの変化
⑤	$\frac{3}{2}nR\Delta T$	問2における内部エネルギーの変化
⑥	$\frac{3}{2}nR\Delta T$	問2における気体がした仕事

B－53　熱機関

　図の圧力－体積グラフで示すように，一定量の気体を変化させる。過程 A → B は定積変化で，この間に気体が吸収する熱量は Q_1，過程 B → C は定圧変化で，この間に気体が吸収する熱量は Q_2 である。過程 C → D は定積変化，過程 D → A は定圧変化である。

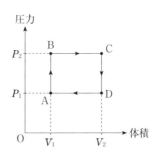

問1　過程 C → D と過程 D → A で気体が放出する熱量の和 Q はいくらか。$Q =$ ▢1▢

① $Q_1 + Q_2$

② $Q_1 + Q_2 + (P_2 - P_1)(V_2 - V_1)$

③ $Q_1 + Q_2 - (P_2 - P_1)(V_2 - V_1)$　④ $(P_2 - P_1)(V_2 - V_1)$

問2　過程 A → B → C → D → A を熱機関の 1 サイクルとするとき，この熱機関の熱効率はいくらか。▢2▢

① $\dfrac{Q}{Q_1 + Q_2}$

② $\dfrac{Q_1 + Q_2 + Q}{Q_1 + Q_2}$

③ $\dfrac{Q_1 + Q_2 - Q}{Q_1 + Q_2}$

④ 1

第3章

波　　　　　　　　動

（28題）

§1 波の式・重ね合わせ

A−54 正弦波の変位と位置

時刻 $t = 0$ s の波形が図で示される正弦波が x 軸の正方向に速さ 8 m/s で伝わっている。

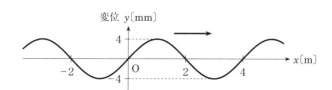

問1 この正弦波の振動数を求めよ。 [1] Hz

  ① 1   ② 2   ③ 4   ④ 16

問2 時刻 $t = 3$ s における $x = 11$ m での変位を求めよ。

$y = $ [2] mm

  ① −4   ② 0   ③ 2   ④ 4

問3 時刻 $t = 0$ s の瞬間の媒質の変位が $y = 0$ mm で，媒質が $-y$ 方向に運動している位置を求めよ。$x = $ [3] m

  ① 0   ② 1   ③ 2   ④ 3

A－55　正弦波の変位と時間

Aさんとraん Bさんの会話中の空欄を埋めよ。

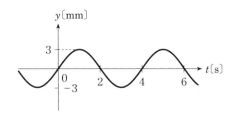

Aさん：x軸の正方向に速さ5 m/sで伝わる正弦波があり，原点O(x =0)の媒質の変位y〔mm〕と時間t〔m〕の関係が上図のようになっているんだけど，この波の振動数や波長ってわかる？

Bさん：わかるよ。振動数は周期の逆数だから　1　Hzだよ。波長は速さを振動数で割って　2　mとなるよ。

1　・　2　の選択肢

① 0.25　　② 0.5　　③ 1　　④ 2.5

⑤ 5　　⑥ 10　　⑦ 20　　⑧ 50

B－56　平面波

先生と生徒の会話中の空欄を埋めよ。

先生：波長 λ，速さ v の平面波が，波面が壁と角 θ をなす向きで壁に
　　　入射しています。反射は無視することにして，壁に沿って波を
　　　観測するときの波の速さなどの説明をしてください。

生徒：図のように，点 A を通過した
　　　波面が射線に沿って点 B に達
　　　する時間と，壁に沿って点 A′
　　　を通過した波が点 B に達する
　　　時間が同じです。このことから，
　　　壁に沿って波を観測する場合の
　　　速さが　1　で，周期が
　　　2　になります。

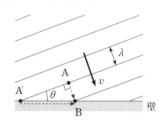

先生：よく出来ました。

　1　の選択肢

① $v \sin\theta$　② $v \cos\theta$　③ $\dfrac{v}{\sin\theta}$　④ $\dfrac{v}{\cos\theta}$　⑤ v

　2　の選択肢

① $\dfrac{\lambda \sin\theta}{v}$　② $\dfrac{\lambda \cos\theta}{v}$　③ $\dfrac{\lambda}{v \sin\theta}$　④ $\dfrac{\lambda}{v \cos\theta}$　⑤ $\dfrac{\lambda}{v}$

A-57　2波源からの波の干渉（I）

　広い水槽の水面上に x, y 座標をとる。水面上の2点 A(ℓ, 0)，B($-\ell$, 0)にそれぞれ振動源を接触させ，同位相で振動させたところ，それぞれの振動源から波長 $\frac{1}{2}\ell$ の同じ振幅の水面波が広がった。

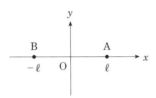

問1　二つの波が強めあう点と弱めあう点の条件をそれぞれ選べ。ただし，整数を m とする。

　　強めあう点： $\boxed{1}$ ，弱めあう点： $\boxed{2}$

　① $AP - BP = 2m \times \frac{1}{2}\ell$ となる点P

　② $AP - BP = (2m-1) \times \frac{1}{2}\ell$ となる点P

　③ $AP - BP = m \times \frac{1}{2}\ell$ となる点P

　④ $AP - BP = \left(m - \frac{1}{2}\right) \times \frac{1}{2}\ell$ となる点P

問2　x 軸上，$-\ell < x < \ell$ の位置の合成波は定常波である。原点 O は定常波のどの部分に相当するか。 $\boxed{3}$

　① 腹　　　　　　② 節　　　　　　③ 腹でも節でもない

B－58　2波源からの波の干渉（Ⅱ）

　水面上に点波源 A, B を置く。A, B からは波長 λ の水面波が広がっている。AB 間の距離は 3.2λ である。A, B からの波が強めあう点を結んだ線はどのようになるか。

問1　波源 A, B が同位相で振動している場合。　| 1 |

問2　波源 A, B が逆位相で振動している場合。　| 2 |

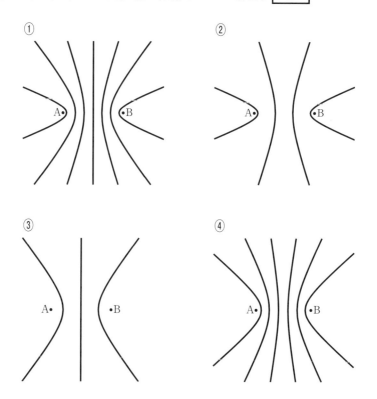

B－59　波の式

次の文中の空欄に入れる式を下の選択肢のうちから選べ。

x 軸上を，x 軸の正方向に振幅 A，振動数 f の正弦波が速さ v で伝わっている。原点 O における波の変位 y は時刻 t に対して $y = A \sin 2\pi f t$ と表せる。原点 O における振動が $x = d\,(d > 0)$ の位置に伝わるのに要する時間は $\boxed{1}$ なので，$x = d$ の位置における波の変位は時刻 t に対して $y = A \sin 2\pi f \left(t - \boxed{1} \right)$ と表すことができる。

x 軸上を，x 軸の負方向に振幅 A，振動数 f の正弦波が速さ v で伝わっている。原点 O における波の変位 y は時刻 t に対して $y = A \sin 2\pi f t$ と表せる。原点 O における振動が $x = \ell\,(\ell < 0)$ の位置に伝わるのに要する時間は $\boxed{2}$ なので，$x = \ell$ の位置における波の変位は時刻 t に対して $y = A \sin 2\pi f \left\{ t - \left(\boxed{2} \right) \right\}$ と表すことができる。

$\boxed{1}$ の選択肢

① dv　　② $\dfrac{v}{d}$　　③ $\dfrac{d}{v}$　　④ $\dfrac{1}{dv}$

$\boxed{2}$ の選択肢

① $-\ell v$　　② $-\dfrac{v}{\ell}$　　③ $-\dfrac{\ell}{v}$　　④ $-\dfrac{1}{\ell v}$

§2 波の屈折

A −60 波の速さと屈折

図1，2は媒質Ⅰから媒質Ⅱへ屈折している波の射線（波の進行方向を示す線）である。次の説明のうち，どれが正しいか。 1

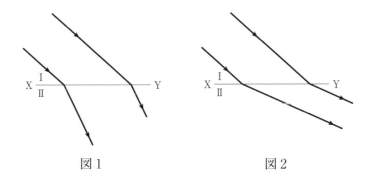

図1   図2

① 媒質Ⅱでは，波の速さが小さくなるから，図1のようになる。

② 媒質Ⅱでは，波の速さが大きくなるから，図1のようになる。

③ 媒質Ⅱでは，波の速さが小さくなるから，図2のようになる。

A-61 入射角と屈折角

図は，媒質 I を伝わってきた平
面波が境界 XY で屈折し，媒質 II
へ伝わっている様子を示している。
実線 a，b は射線を表し，点線は
波面を表している。媒質 I におけ
る，この波の速さを v_1，波長を
λ_1，振動数を f_1 とする。このとき，
θ_1 を入射角といい，θ_2 を屈折角と
いう。

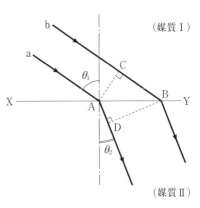

問1 図において，距離 BC と距離 AD の比はいくらか。

$$\frac{BC}{AD} = \boxed{\quad 1 \quad}$$

① $\dfrac{\sin\theta_2}{\cos\theta_1}$ ② $\dfrac{\cos\theta_2}{\sin\theta_1}$ ③ $\dfrac{\sin\theta_2}{\sin\theta_1}$

④ $\dfrac{\cos\theta_2}{\cos\theta_1}$ ⑤ $\dfrac{\sin\theta_1}{\sin\theta_2}$ ⑥ $\dfrac{\cos\theta_1}{\cos\theta_2}$

問2 媒質 II を伝わる波の速さ v_2 と v_1 の比はいくらか。

$$\frac{v_1}{v_2} = \boxed{\quad 2 \quad} \quad (\text{選択肢は問1と共通})$$

A－62　屈折率と臨界角

下の文中の空欄 $\boxed{1}$ ～ $\boxed{3}$ に入れる数値として最も適当なものを，それぞれの直後の｜ ｜で囲んだ選択肢のうちから一つずつ選べ。

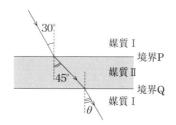

媒質Ⅰを伝わってきた平面波が境界Pに入射し，媒質Ⅱ→境界Q→媒質Ⅰと進んでいる。上図はその波の波面の様子を表したものである。このとき，媒質Ⅰに対する媒質Ⅱの屈折率は $\boxed{1}$｜① $\dfrac{\sqrt{2}}{2}$，② $\dfrac{\sqrt{3}}{2}$，③ $\sqrt{2}$，④ $\sqrt{3}$｜である。また，境界Qでの角度 θ は $\theta = \boxed{2}$ ｜① 30°，② 45°，③ 60°｜となる。

境界Pへの入射角を変える場合，その臨界角は $\boxed{3}$｜① 30°，② 45°，③ 60°｜である。

B－63　反射と屈折の波面

問1　点波源 O があり，境界に向けて平面波が広がっている。境界での反射波面の広がりとして適当なものを選べ。　　1

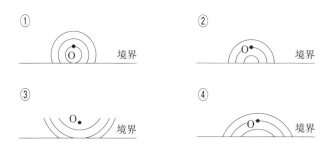

①　　　　　　　　　　　　　　　　②

③　　　　　　　　　　　　　　　　④

問2　図のように，媒質 C 中に点波源 X があり，X から出た波が境界面で屈折し，媒質 D に伝わっている。図はその様子を波面で表したものである。この波が伝わる速さは媒質 C と D でどちらが大きいか。　　2

①　媒質 C の方が大きい。

②　媒質 D の方が大きい。

③　同じ速さである。

④　この図からは判断できない。

§3　ドップラー効果

A－64　観測者が動いている場合

　音速を $V = 340\,\text{m/s}$ として，次の文中の空欄を埋めよ。

　振動数が $f = 680\,\text{Hz}$ の音を出している静止音源 S に向かって速さ $10\,\text{m/s}$ で一直線上を近づいてくるマイクロホン M がある。S から出て M に向かう音波の波長 λ は $\lambda =$ $\boxed{1}$ m である。M に対するこの音波の相対速度の大きさ V' は $V' =$ $\boxed{2}$ m/s であるので，M が観測する音波の振動数 f' は $f' = \dfrac{V'}{\lambda} =$ $\boxed{3}$ Hz となる。

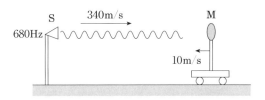

$\boxed{1}$ の選択肢

　① 0.3　　② 0.4　　③ 0.5　　④ 0.6

$\boxed{2}$ の選択肢

　① 320　　② 340　　③ 350　　④ 370

$\boxed{3}$ の選択肢

　① 680　　② 700　　③ 800　　④ 850

B−65　音源が動いている場合

音速を $V = 340$ m/s として，次の文中の空欄を埋めよ。

静止したマイクロホン M に向かって速さ 20 m/s で一直線上に近づいてくる音源 S がある。音源 S は振動数 $f = 800$ Hz の音を出している。このとき，S から M に向かう音波の，地面（空気あるいは M）に対する速さは 340 m/s であり，S の運動の影響を受けない。この音波の S に対する相対速度の大きさ V' は $V' =$ ⬚1 m/s であるので，S から M に向かう音波の波長 λ' は $\lambda' = \dfrac{V'}{f} =$ ⬚2 m である。M に対する音波の速さは $V = 340$ m/s なので，M が観測する音波の振動数 f' は $f' = \dfrac{V}{\lambda'} =$ ⬚3 Hz となる。

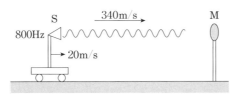

⬚1 の選択肢

① 320　　② 340　　③ 350　　④ 370

⬚2 の選択肢

① 0.3　　② 0.4　　③ 0.5　　④ 0.6

⬚3 の選択肢

① 680　　② 700　　③ 800　　④ 850

B－66　円運動する音源

次の文中の空欄を埋めよ。

半径 r の円周上を一定の速さ v で進みながら，振動数 f の音を出している発音体がある。観察者は円の中心 O から距離 $\sqrt{2}\,r$ の位置 P で静止している。音速を V とする。

発音体が点 $\boxed{1}$ を通過するときに出た音を観察者が聞くときの振動数が最小である。観察者が聞く音の振動数が最大になってから最小になるまでの時間は $\boxed{2}$ である。

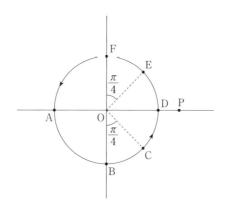

$\boxed{1}$ の選択肢

① A　② B　③ C　④ D　⑤ E　⑥ F

$\boxed{2}$ の選択肢

① $\dfrac{4\pi r}{v}$　　② $\dfrac{3\pi r}{v}$　　③ $\dfrac{2\pi r}{v}$

④ $\dfrac{\pi r}{v}$　　⑤ $\dfrac{3\pi r}{4v}$　　⑥ $\dfrac{\pi r}{2v}$

B −67 ドップラー効果と屈折

ドップラー効果に関して，先生と生徒が会話している。下の会話文の中の空欄を埋めよ。ただし，屋外の音速を V_1 とし，屋内の音速を V_2 とする。

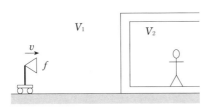

生徒：寒い屋外において，振動数 f の音源が建物に向かって速さ v で近づいているときに，温かい建物の中で静止している人が聞く音の振動がわかりません。

先生：建物の前で静止している人が聞く振動数は $\boxed{1}$ だよね。その音が建物の壁で屈折して中の人に聞こえたと考えると，中の人が聞く振動数も $\boxed{1}$ となるよね。それでは，中の人が速さ u で建物の壁に向かって動くとき，その人が聞く音の振動数はどうなりますか。

生徒：同じように考えれば，$\boxed{2} \times \boxed{1}$ だと思います。

先生：よくできました。

$\boxed{1}$ の選択肢

① $\dfrac{V_1}{V_1 - v} f$ ② $\dfrac{V_2}{V_2 - v} f$ ③ $\dfrac{V_1 + v}{V_1} f$ ④ $\dfrac{V_2 + v}{V_2} f$

$\boxed{2}$ の選択肢

① $\dfrac{V_2}{V_2 - u}$ ② $\dfrac{V_2}{V_2 + u}$ ③ $\dfrac{V_2 - u}{V_2}$ ④ $\dfrac{V_2 + u}{V_2}$

B－68　波面の広がり（難）

　上下に振動して水面波を出す造波器 A が，水面上を直線 XY に沿ってX から Y の向きに等速度運動している。次図はある瞬間における水面波の波面（波の山をつらねた線）を上から見たものである。1目盛りを 20 cm，A の振動数を 3 Hz とする。

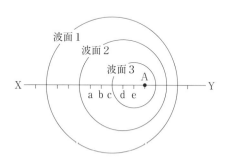

問1　図において，波面1が出たのは，造波器がどの位置を通過しているときか。　　1

　　①　a　　　　②　b　　　　③　c　　　　④　d　　　　⑤　e

問2　図の瞬間は，波面1が造波器から出てから何秒後か。
　　　2 秒後

　　①　1　　　　②　2　　　　③　3　　　　④　4　　　　⑤　5

問3　水面波が伝わる速さはいくらか。　　3 cm/s

　　①　90　　　②　100　　　③　120　　　④　150　　　⑤　200

§4 光の屈折，レンズ，球面鏡

A－69　光の特徴

文中の空欄を埋め，下の問いに答えよ。

　光には偏光という現象があることから，光が　1　であることがわかる。シャボン玉が色づくのは，光の　2　によるものであり，雨上がりの空に虹が見えるのは，光の分散によるものである。また，レンズを用いて小さい物体を大きく見る顕微鏡などでは，光の　3　を利用している。光ファイバーを用いて情報を遠くに送ったりするときは光の　4　を利用している。

　1　の選択肢

　① 横波　　② 縦波　　③ 疎密波　　④ 進行波

　2　～　4　の選択肢

　① 分散　　② 屈折　　③ 干渉　　④ 回折　　⑤ 全反射

A－70　全反射

　広い水槽に，深さ h まで水を入れる。水槽の底に点光源を置き，そこから出る光を空気中から観測する。点光源から出た光が水面に入射するときの入射角を θ，空気と水の絶対屈折率を 1 と n とする。

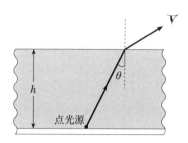

問1　点光源から出た光が水面で全反射するとき，$\sin\theta$ はいくら以上か。$\sin\theta \geqq$ □1

① n
② $\dfrac{1}{n}$
③ $\sqrt{n^2-1}$
④ $\dfrac{1}{\sqrt{n^2-1}}$

問2　空気中のどこから見ても点光源が見えないようにするため，光を通さない円板を水面に浮かべる。この円板の半径の最小値はいくらか。□2

① nh
② $\dfrac{h}{n}$
③ $h\sqrt{n^2-1}$
④ $\dfrac{h}{\sqrt{n^2-1}}$

⑤ $\sqrt{n}\,h$
⑥ $\dfrac{h}{\sqrt{n}}$
⑦ $h(n-1)$
⑧ $\dfrac{h}{n-1}$

B−71　見かけの深さ

　水中の物体を水面の上方から見るとき，その水面からの深さが，実際の深さより浅く見える。この現象について考える。ただし，空気と水の屈折率（絶対屈折率）を1とnとする。

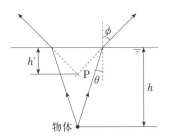

問1　図のように，水面からの深さがhの位置に小物体があり，その小物体から上方に光が出ていると考える。これらの光のうち，小物体を含む鉛直線に対して対称な方向に進み，水面に入射角θで入射した光を考える。これらの光の屈折光（屈折角ϕ）を延長した2本の直線の交点Pが真上から見たときの小物体の位置である。この交点Pの水面からの深さh'はいくらか。$h'=$　$\boxed{1}$

① $h\tan\theta\tan\phi$　② $\dfrac{h}{\tan\theta\tan\phi}$　③ $\dfrac{h\tan\phi}{\tan\theta}$　④ $\dfrac{h\tan\theta}{\tan\phi}$

問2　問1において，θが非常に小さいときのh'の値はいくらか。ただし，θが非常に小さいときは$\sin\theta\fallingdotseq\theta$，$\cos\theta\fallingdotseq1$が成り立つものとする。$h'\fallingdotseq$　$\boxed{2}$

① nh　　② $\dfrac{h}{n}$　　③ $h\sqrt{n^2-1}$　　④ $\dfrac{h}{\sqrt{n^2-1}}$

⑤ $\sqrt{n}\,h$　　⑥ $\dfrac{h}{\sqrt{n}}$　　⑦ $h(n-1)$　　⑧ $\dfrac{h}{n-1}$

A−72　凸レンズ

図のように，中心 O，焦点 F，F′ の凸レンズを立て，その光軸上で焦点 F より左側に棒 AB を置く。次の問いに答えよ。

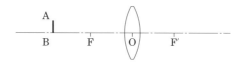

問1　棒の A 端からレンズの右側に進む光のみちすじについて，正しい記述を選べ。　| 1 |

　　①　焦点Fを通ってレンズに入射する光は，レンズで屈折して，焦点 F′ を通る。

　　②　レンズの中心 O に入射する光は，レンズで屈折して，光軸と平行に進む。

　　③　光軸と平行にレンズに入射する光は，レンズで屈折して，焦点 F′ を通る。

問2　距離 BO＝30 cm，焦点距離 OF＝OF′＝10 cm とする。棒 AB の実像はどの位置にできるか。　| 2 |

　　①　レンズの左側で，レンズからの距離が 20 cm のところ。

　　②　レンズの右側で，レンズからの距離が 20 cm のところ。

　　③　レンズの左側で，レンズからの距離が 15 cm のところ。

　　④　レンズの右側で，レンズからの距離が 15 cm のところ。

A−73 凹レンズ

　図のように，中心 O，焦点 F，F′ の凹レンズを立て，その光軸上で，焦点 F より左側に棒 AB を立てる。次の問いに答えよ。

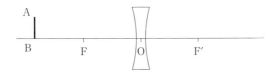

問1　距離 BO＝15 cm，焦点距離 OF＝OF′＝10 cm とする。棒 AB の虚像はどの位置にできるか。　| 1 |

① レンズの右，距離 30 cm のところ。

② レンズの左，距離 30 cm のところ。

③ レンズの右，距離 6 cm のところ。

④ レンズの左，距離 6 cm のところ。

問2　問1において，棒 AB の位置を少し右に移動させ，レンズに近づける。このとき，棒 AB の虚像の長さ（大きさ）はどうなるか。　| 2 |

① 長く（大きく）なる。　　② 短く（小さく）なる。

③ 変わらない。

A－74　球面鏡

球面鏡に関する以下の問いに答えよ。

問1　次の文中の　ア　～　ウ　に入るべき用語の組合せを選べ。
　　　1

　　凹面鏡を通して物体を見るとき，物体は　ア　されて見え，凸面鏡では　イ　されて見える。広い視野を必要とするロードミラーでは　ウ　が用いられている。

	ア	イ	ウ
①	拡大	縮小	凸面鏡
②	拡大	縮小	凹面鏡
③	縮小	拡大	凸面鏡
④	縮小	拡大	凹面鏡

問2　凹面鏡に関する次の文中の　エ　・　オ　に入るべき用語の組合せを選べ。　2

　　光軸に平行に入射した光は，反射後に　エ　，焦点を通って入射した光は，反射後に　オ　。

	エ	オ
①	球面の中心を通り	焦点を通る
②	球面の中心を通り	光軸に平行に進む
③	焦点を通り	球面の中心を通る
④	焦点を通り	光軸に平行に進む
⑤	光軸に平行に進み	焦点を通る
⑥	光軸に平行に進み	球面の中心を通る

B−75　光ファイバー（難）

　次の会話文の中の空欄を埋めよ。ただし，真空中の光速を c，空気の屈折率を1とする。

先生：光ファイバーを，屈折率 n_0 のガ
　　　ラス a を屈折率 n_1 $(n_0 > n_1)$ の
　　　ガラス b でおおった円柱の繊
　　　維とします。円柱に垂直な左端
　　　面に入射角 θ でガラス a に入

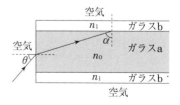

　　　射した光が，ガラス a とガラス b の境界に入射するときの入射
　　　角を α とするとき，$\sin\alpha$ を求めなさい。

生徒：屈折の法則と三角関数の関係式から，$\sin\alpha = \boxed{\ 1\ }$ です。

先生：正解です。それでは，ガラス a とガラス b の境界では光が全反
　　　射し，光ファイバーの長さを L とします。ガラス a の左端面に
　　　入射したこの光が右端面に達するまでの時間を求めなさい。

生徒：光がガラス a の中を伝わる経路の長さは $\boxed{\ 2\ }$ なので，時間は
　　　$\boxed{\ 2\ } \times \dfrac{n_0}{c}$ です。

先生：よくできました。

$\boxed{\ 1\ }$ の選択肢

① $\dfrac{\sqrt{1 - \sin^2\theta}}{n_0}$　　　　② $\dfrac{\sqrt{1 - \cos^2\theta}}{n_0}$

③ $\dfrac{\sqrt{n_0{}^2 - \sin^2\theta}}{n_0}$　　　　④ $\dfrac{\sqrt{n_0{}^2 - \cos^2\theta}}{n_0}$

$\boxed{\ 2\ }$ の選択肢

① $\dfrac{L}{\sin\alpha}$　　② $\dfrac{L}{\cos\alpha}$　　③ $L\sin\alpha$　　④ $L\cos\alpha$

B−76　虫めがね（難）

レンズについて答えよ。

問1　虫めがねを使って，小さい物体を大きく見ることに関する最も
適当な記述を選べ。　□1□

① このとき見ているのは物体の虚像である。

② 目と虫めがねの距離を虫めがねの焦点距離より大きくしなけ
ればいけない。

③ 虫めがねは凹レンズである。

④ 物体の位置を虫めがねの焦点に一致させるときピントがあい，
はっきり見ることができる。

問2　レンズをつくっているガラスの屈折率を n_1，水の屈折率を n_2，
空気の屈折率を n_3 とすると，$n_1 > n_2 > n_3$ である。次の文中の空
欄を埋めよ。

　ガラス製の凸レンズを水中に入れると，レンズの焦点距離は，
レンズが空気中にあるときに比べ　□2□ 。また，ガラス製の凹
レンズを水中に入れると，レンズの焦点距離は，レンズが空気中
にあるときに比べ　□3□ 。

□2□ ・ □3□ の選択肢

① 長くなる　　② 短くなる　　③ 変わらない

§5　光の干渉

A－77　ヤングの実験

次の文中の空欄に入れるべきものを，それぞれの選択肢のうちから選べ。

図は光の干渉を観察する装置を示す。S，A，Bは互いに平行なスリットである。この装置で，スリット S を通った光源からの光はスリット A にもスリット B にも達

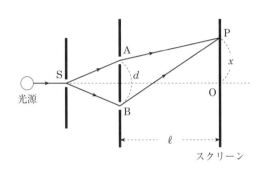

する。このように，光が A や B の位置にまでまわり込む性質を
　1　とよぶ。また，A，B を通った光が　2　し，スクリーン上に明暗のしま模様が生じる。

光源からの光の波長が λ のとき，スクリーン上の点 P について

$$|\mathrm{BP} - \mathrm{AP}| = m\lambda \quad (m = 0,\ 1,\ 2,\ \cdots\cdots)$$

が成り立つと，点 P は　3　なる。また，スリット A，B の間隔を d，スリット A，B とスクリーンの距離を ℓ，図の OP の距離を x とする。$d \ll \ell$ のとき，次の近似式が成り立つ。

$$|\mathrm{BP} - \mathrm{AP}| \fallingdotseq \frac{dx}{\ell}$$

このとき，波長 λ の光がスクリーン上につくる明線の間隔は　4　となる。

（次頁に続く）

1 と **2** の選択肢

① 反射 　② 屈折 　③ 回折 　④ 散乱

⑤ 干渉 　⑥ 直進 　⑦ 分散 　⑧ 偏光

3 の選択肢

① 明るく 　② 暗く 　③ 広く 　④ 大きく

4 の選択肢

① $\dfrac{\ell\lambda}{d}$ 　② $\dfrac{d\lambda}{\ell}$ 　③ $\dfrac{\ell d}{\lambda}$ 　④ $\dfrac{\ell\lambda}{2d}$

⑤ $\dfrac{d\lambda}{2\ell}$ 　⑥ $\dfrac{\ell d}{2\lambda}$

A－78　回折格子

間隔 d の多数のスリットからなる回折格子 G に，波長 λ の単色光を入射させる。このとき，回折光が数本生じた。このうち，中心の回折光に一番近い回折光が中心の回折光となす角度を θ_1 とする。次の問いに答えよ。

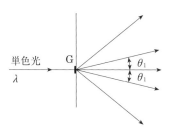

問1　$d = 1700$ 〔nm〕，$\lambda = 500$ 〔nm〕のとき $\sin\theta_1$ の値はいくらか。

$\sin\theta_1 =$ ❑ 1 ❑

① 0.135　　② 0.185　　③ 0.294　　④ 0.540

問2　単色光の代わりに白色光を回折格子 G に入射させる。このとき，回折光はどのようになるか。❑ 2 ❑

① 白色光の回折光が数本生じる。

② すべての回折光がスペクトルに分解される。

③ 中心の回折光だけ白色光で，残りの回折光はスペクトルに分解される。

④ 回折光は生じない。

A－79　薄膜による干渉

　メガネのレンズの表面に透明な物質の薄膜を
被膜することにより，光の反射を防止すること
ができる。空気の屈折率を 1，ガラスの屈折率
を n_G，薄膜の屈折率を $n(1<n<n_G)$ とする。
また，入射する光は薄膜の表面に垂直であるも
のとし，図のように，光線 a と光線 b の干渉を
考える。

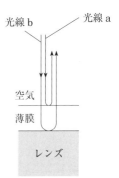

問1　光線 a が空気と薄膜の境界で反射するときの位相のずれを求め
　　　よ。また光線 b が薄膜とレンズの境界で反射するときの位相の
　　　ずれを求めよ。

　　光線 a：　|　1　|　，光線 b：　|　2　|

①　0　　　　　②　$\dfrac{\pi}{2}$　　　　③　π　　　　④　$\dfrac{3\pi}{2}$

問2　$n_G=1.5$，$n=1.4$ とする。波長 6.0×10^{-7}m の光の場合光線 a
　　　と光線 b が弱めあうときの薄膜の厚さの最小値を求めよ。

　　|　3　| . |　4　| $\times 10^{-\boxed{5}}$ m

①　1　　　②　2　　　③　3　　　④　4　　　⑤　5
⑥　6　　　⑦　7　　　⑧　8　　　⑨　9

B－80　くさび形薄膜（難）

下の文中の空欄 $\boxed{1}$ ～ $\boxed{3}$ に入れる数式として最も適当なものを，それぞれの直後の ｜ ｜ で囲んだ選択肢のうちから一つずつ選べ。

長さ L のガラス板 2 枚を重ね，右端に直径 $d(d \ll L)$ の細い針金をはさむ。波長 λ の単色光を上方から入射させ，その反射光を観察すると，明暗のしま模様が見えた。

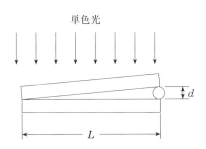

単色光

隣りあう明線の下の空気層の厚さの差は $\boxed{1}$ ｜① $\dfrac{\lambda}{4}$, ② $\dfrac{\lambda}{2}$, ③ λ, ④ 2λ｜ であるので，全体で m 本の明線が観測されるとしたら 2 枚のガラス板がなす角度の正接(tan)は $\boxed{2}$ ｜① $\dfrac{m\lambda}{4L}$, ② $\dfrac{m\lambda}{2L}$, ③ $\dfrac{m\lambda}{L}$, ④ $\dfrac{2m\lambda}{L}$｜ となる。

2 枚のガラス板の間を屈折率 n の液体で満たすとき，上方から見た明線の間隔は初めの $\boxed{3}$ ｜① n^2, ② $\dfrac{1}{n^2}$, ③ n, ④ $\dfrac{1}{n}$｜ 倍になる。

B－81　反射型回折格子

　間隔 d の平行な溝を多数きざんだ金属板がある。この金属板に波長 λ の単色光を垂直に当てたところ，いくつかの方向に光が反射された。反射角を θ $(0° < \theta < 90°)$ とする。

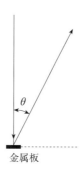

金属板

問1　溝の間隔 d と波長 λ および θ との間の関係はどのように示されるか。ただし，n を自然数とする。　<u>　1　</u>

① $d\sin\theta = n\lambda$ 　　　　② $d\tan\theta = n\lambda$

③ $d\cos\theta = n\lambda$ 　　　　④ $d\sin\theta = \left(n - \dfrac{1}{2}\right)\lambda$

⑤ $d\tan\theta = \left(n - \dfrac{1}{2}\right)\lambda$ 　　⑥ $d\cos\theta = \left(n - \dfrac{1}{2}\right)\lambda$

問2　光が反射される方向は，$\theta = 0°$ を含め，全体で 5 本であった。このことから d と λ の間の関係はどのように示されるか。　<u>　2　</u>

① $5d < \lambda < 6d$ 　　　　② $2d < \lambda < 3d$

③ $\dfrac{d}{3} < \lambda < \dfrac{d}{2}$ 　　　　④ $\dfrac{d}{6} < \lambda < \dfrac{d}{5}$

第4章

電　磁　気

（38題）

§1 クーロンの法則と電場

A−82 はく検電器

次の文中の空欄に入れるのに最も適当なものをそれぞれの選択肢から選べ。

図のように，帯電していないはく検電器の金属板に正の帯電体を近づけると金属板の下のはくが開く。このとき，金属板は $\boxed{1}$ に帯電しており，はくは $\boxed{2}$ に帯電している。はくの帯電は，はく内の $\boxed{3}$ の不足によるものである。

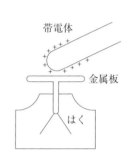

$\boxed{1}$ ，$\boxed{2}$ の選択肢

   ① 正   ② 負

$\boxed{3}$ の選択肢

   ① 陽子   ② 自由電子   ③ 原子

A－83　クーロンの法則

　直線上の３点に，帯電した小球 A，B，C を等間隔 d で固定する。
電気量は A と C が $+Q\,(Q>0)$，B が $-Q$ である。クーロンの法則の
比例定数を k とする。

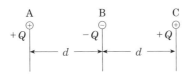

問1　小球 A が小球 B から受ける静電気力の大きさを求めよ。

① $\dfrac{2kQ^2}{d^2}$　　② $\dfrac{kQ^2}{d^2}$　　③ $\dfrac{kQ^2}{2d^2}$　　④ $\dfrac{4kQ^2}{d^2}$

問2　小球 B が小球 A と小球 C から受ける静電気力の合力の大きさ
　　を求めよ。　2

① 0　　　　② $\dfrac{kQ^2}{4d^2}$　　③ $\dfrac{kQ^2}{2d^2}$　　④ $\dfrac{3kQ^2}{4d^2}$

A－84　点電荷による電場

電場に関する先生と生徒の会話中の空欄を埋めよ。クーロンの法則の比例定数を k〔N·m^2/C^2〕とする。

先生：ある位置に＋1C（クーロン）の点電荷を置くと仮定するときに，その＋1C が受ける静電気力のことをその点の電場といいます。

生徒：じゃあ，次の問題のような場合どうやればいいのですか。

「x 軸上，$x = a$〔m〕$(a > 0)$ に $-q$〔C〕$(q > 0)$ の点電荷 A が固定され，$x = -a$〔m〕に $2q$〔C〕の

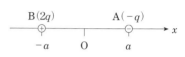

点電荷 B が固定されている場合，原点 O における電場の強さと向きを求めよ。」

先生：まず，原点 O に＋1C の点電荷を置くと考えるところから始めます。この＋1C が A から受ける静電気力の大きさは　1　〔N〕ですね。また，B から受ける静電気力の大きさは　2　〔N〕です。これらの合力の大きさは　3　〔N〕で，向きは　4　となります。これが原点 O の電場です。

　1　～　3　の選択肢

① $\dfrac{kq}{a^2}$　　② $\dfrac{2kq}{a^2}$　　③ $\dfrac{3kq}{a^2}$　　④ $\dfrac{4kq}{a^2}$

　4　の選択肢

①　＋x方向　　　②　－x方向

B-85　ガウスの法則（難）

ガウスの法則に関する次の文中の空欄を埋め、**問1・2**に答えよ。

電気力線を引く約束として、電場の強さが E〔N/C〕の場所では、電場に垂直な面 $1\,m^2$ につき E〔本〕の電気力線を電場の向きに沿って引くものとする。クーロンの法則の比例定数を k〔Nm^2/C^2〕とする。

電気量 Q〔C〕（$Q > 0$）の点電荷から距離 r〔m〕の位置における電場の強さは ┃ 1 ┃〔N/C〕なので、この点電荷から出ている電気力線の総数は ┃ 2 ┃〔本〕であることがわかる。

┃ 1 ┃ の選択肢

① $\dfrac{kQ^2}{r^2}$ 　　② $\dfrac{kQ^2}{r}$ 　　③ $\dfrac{kQ}{r^2}$ 　　④ $\dfrac{kQ}{r}$

┃ 2 ┃ の選択肢

① $4\pi kQ$ 　　② $2\pi kQ$ 　　③ πkQ 　　④ $\dfrac{\pi kQ}{2}$

帯電していない中空の導体球の中心に正に帯電した点電荷を置く場合について考える。

（次頁に続く）

問 1　導体球内外の電気力線の様子を示す図として，最も適当なもの
を選べ。　3

①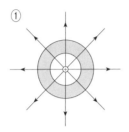

②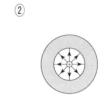

③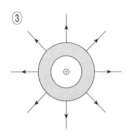

④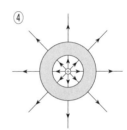

問 2　中心の点電荷の電気量を q〔C〕，導体球の内半径を r〔m〕，外
半径を $2r$〔m〕とする。導体球の中心から距離 $3r$〔m〕の点の電場
の強さはいくらか。　4 〔N/C〕

① $\dfrac{kq}{9\,r^2}$　　② $\dfrac{kq}{4\,r^2}$　　③ $\dfrac{kq}{r^2}$　　④ $\dfrac{4\,kq}{r^2}$

§ 2　電位

A −86　一様な電場と電位

次の文章を読んで，下の問いに答えよ。

一様な電場とは，強さと向きがどの場所でも同じ電場のことであり，電場の様子を表す電気力線は等間隔で，平行になる。また，**電位**とは単位正電荷（+1C）あたりの静電気力による位置エネルギーのことである。図のように，強さ E の一様な電場があり，電場に沿って距離 d 離れた2点 A，B をとる。

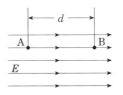

問1　AB 間の電位差 V_0 を求めよ。$V_0 = \boxed{1}$

① $\dfrac{E}{d}$　　　② $\dfrac{d}{E}$　　　③ $\dfrac{1}{Ed}$　　　④ Ed

問2　AB を結ぶ直線上を B から A に向かって電気量 q（$q > 0$）の点電荷をゆっくり移動させるとき，次の力の仕事を求めよ。

外力：$\boxed{2}$　　　静電気力：$\boxed{3}$

$\boxed{2}$ と $\boxed{3}$ の選択肢

① $-qV_0$　　　② 0　　　③ qV_0

A－87　等電位面

次図は，電場の様子を 1 ボルトごとの等電位面で表したものである。

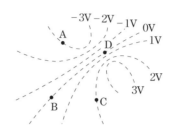

問 1　電場の強さが一番大きいのはA～Dのうちどの点か。　<u>　1　</u>

① A　　　　② B　　　　③ C　　　　④ D

問 2　電気量 4 クーロンの点電荷を点 A から点 C にまで移動させる
のに要する仕事は何ジュールか。　<u>　2　</u>ジュール

① 10　　　② 20　　　③ 30　　　④ 40

B－88　点電荷による電位（難）

　x 軸上，原点 O に電気量 Q $(Q>0)$ の点電荷が固定され，$x=a$ に電気量 q $(q>0)$，質量 m の点電荷 A を置く。A を静かに離すとき，位置 $x=2a$ を A が通過する速さを求める問題を先生と生徒が話し合っている。会話中の空欄を埋めよ。ただし，クーロンの法則の比例定数を k とする。

先生：電位を使ってみます。原点の点電荷だけが存在すると考え，
　　　$x=a$ の電位 V_1 を求めると，$V_1=\dfrac{kQ}{a}$ です。$x=2a$ の電位 V_2
　　　は，$V_2=$ ボックス 1 です。求める速さを v として，力学的エネルギー保存則はどうなりますか。

生徒：点電荷 A の，$x=a$ での位置エネルギーが qV_1 で，$x=2a$ での
　　　位置エネルギーが qV_2 ですから，力学的エネルギー保存則は，

$$qV_1=\frac{1}{2}mv^2+qV_2$$

　　　となります。V_1 と V_2 を代入すると，$v=$ ボックス 2 が得られます。

ボックス 1 の選択肢

① $\dfrac{kQ}{a^2}$　　② $\dfrac{kQ}{a}$　　③ $\dfrac{kQ}{2a^2}$　　④ $\dfrac{kQ}{2a}$

ボックス 2 の選択肢

① $\sqrt{\dfrac{kQq}{ma}}$　② $\sqrt{\dfrac{3kQq}{2ma}}$　③ $\sqrt{\dfrac{kQq}{ma^2}}$　④ $\sqrt{\dfrac{3kQq}{2ma^2}}$

§3 コンデンサーの充電

A－89 コンデンサーの充電

電気容量 $100\,\mu\mathrm{F}$ のコンデンサー C を抵抗 R，スイッチ S を通して起電力 $100\,\mathrm{V}$ の電池 E に接続する。

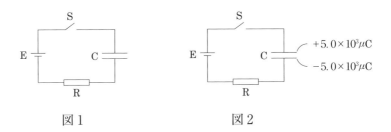

図1   図2

図1のように，コンデンサー C が電荷を蓄えていない状態にして，スイッチ S を閉じる。

問1 スイッチ S を閉じて十分に時間がたつとき，コンデンサー C が蓄えている電気量は何 $\mu\mathrm{C}$ か。 $\boxed{1}$ $\mu\mathrm{C}$

① 1.0 ② 1.0×10^{2} ③ 1.0×10^{3} ④ 1.0×10^{4}

図2のように，コンデンサー C が $5.0\times10^{3}\mu\mathrm{C}$ の電荷を蓄えている状態にして，スイッチ S を閉じる。

問2 スイッチ S を閉じて十分に時間がたつまでの間に，抵抗 R を通過する電気量の大きさは何 $\mu\mathrm{C}$ か。 $\boxed{2}$ $\mu\mathrm{C}$

① 5.0×10^{2} ② 5.0×10^{3} ③ 1.0×10^{4} ④ 1.5×10^{4}

A－90　コンデンサーの並列接続

　図のように，電気容量が $20\mu\mathrm{F}$ とのコンデンサー C_1 と電気容量が $30\mu\mathrm{F}$ のコンデンサー C_2，抵抗 R，スイッチ S，電位差 $50\,\mathrm{V}$ の電池 E からなる回路がある。はじめ，S は開いており，各コンデンサーは電荷を蓄えていない。

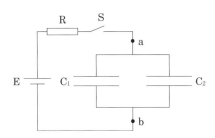

問1　図の回路の ab 間の合成容量はいくらか。　☐ 1 ☐ $\mu\mathrm{F}$

①　12　　　　②　24　　　　③　50　　　　④　60

問2　まず，スイッチ S を閉じる。S を閉じてから十分に時間が経過するまでの間に抵抗 R を通過する電気量はいくらか。　☐ 2 ☐ $\mu\mathrm{C}$

①　600　　　②　1200　　　③　2500　　　④　3000

問3　問2の状態で，C_1 に蓄えられている電気量を Q_1 とし，C_2 に蓄えられている電気量を Q_2 とする。これらの比を求めよ。

$Q_1 : Q_2 =$ ☐ 3 ☐

①　2：3　　　　　②　3：2　　　　　③　1：1

A－91　コンデンサーの直列接続

　図のように，電気容量が 20μF のコンデンサー C_1 と電気容量が 30μF のコンデンサー C_2，抵抗 R，スイッチ S，電位差 50 V の電池 E からなる回路がある。はじめ，S は開いており，各コンデンサーは電荷を蓄えていない。

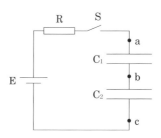

問1　図の回路の ac 間の合成容量はいくらか。　[　1　] μF

　① 12　　　　② 24　　　　③ 50　　　　④ 60

問2　まず，スイッチ S を閉じる。S を閉じてから十分に時間が経過するまでの間に点 a を通過する電気量はいくらか。　[　2　] μC

　① 0　　　　② 600　　　　③ 1200　　　④ 3000

問3　次に，S が閉じられた状態で，ab 間の電圧を V_1 とし，bc 間の電圧を V_2 とする。これらを求めよ。$V_1 = $ [　3　]，$V_2 = $ [　4　]

　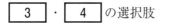 の選択肢

　① 10　　　　② 20　　　　③ 30　　　　④ 40

B−92　静電エネルギー

図の回路において，Cは電気容量が
4×10^{-11} F で極板間隔が 0.2 mm の平
行板コンデンサー，E は電位差が 300
V の電池，R は抵抗，S はスイッチで
ある。はじめ，C は電荷を蓄えていな
い。

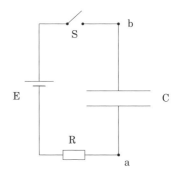

問1　S を閉じて十分に時間がたつとき，C の極板間の電場の強さは
何 V/m か。　| 1 |　$\times 10^6$ V/m

① 1　　② 1.5　　③ 2　　④ 6　　⑤ 8

問2　S を閉じて十分に時間がたつまでの間に，電池が回路に供給す
るエネルギーは何 J か。　| 2 |　$\times 10^{-7}$ J

① 0　　② 4　　③ 12　　④ 18　　⑤ 36

また，この間に R で発生するジュール熱は何 J か。
| 3 |　$\times 10^{-7}$ J

① 0　　② 4　　③ 12　　④ 18　　⑤ 24

B－93 極板間隔

　電気容量 $10\,\mu\mathrm{F}$ のコンデンサーに起電力 $10\,\mathrm{V}$ の電池を接続し，電荷を蓄える。このコンデンサーの極板間隔を 2 倍にするとき，次の各量はどのようになるか。

問 1　コンデンサーと電池を接続したまま極板間隔を 2 倍にする場合。

　　電気容量：$\boxed{1}\,\mu\mathrm{F}$　　蓄えている電気量：$\boxed{2}\,\mu\mathrm{C}$

　　コンデンサーの電位差：$\boxed{3}\,\mathrm{V}$

問 2　コンデンサーと電池の接続を切ってから極板間隔を 2 倍にする場合。

　　電気容量：$\boxed{4}\,\mu\mathrm{F}$　　蓄えている電気量：$\boxed{5}\,\mu\mathrm{C}$

　　コンデンサーの電位差：$\boxed{6}\,\mathrm{V}$

　　$\boxed{1}\cdot\boxed{4}$ の選択肢

　　① 2.5　　② 5　　③ 10　　④ 20　　⑤ 40

　　$\boxed{2}\cdot\boxed{5}$ の選択肢

　　① 25　　② 50　　③ 100　　④ 200　　⑤ 400

　　$\boxed{3}\cdot\boxed{6}$ の選択肢

　　① 2.5　　② 5　　③ 10　　④ 20　　⑤ 40

§4 コンデンサーの回路と電位

B−94 極板間の電位

　真空中に，間隔 $3d$ で2枚の金属板 A，B が平行に固定され，その中央に厚さ d の金属板 C が A，B と平行に固定されている。金属板 A，B，C は同形で，その面積 S は十分に広い。

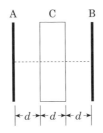

問　金属板 A を $-Q(Q>0)$ に帯電させ，金属板 B を $+Q$ に帯電させる。AB の中心を結ぶ線分(図の点線)上における電位の様子を表しているグラフを選べ。ただし，電位の基準を極板 A にとるものとする。　　1

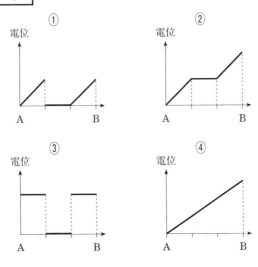

B－95 回路と電位

電気容量が C のコンデンサー，電位差が V と $2V$ の電池，抵抗を用いた図の回路についての下の文章中の空欄を埋めよ。

電場内を荷電粒子が運動する場合はその位置エネルギーの計算に電位を利用しますが，電気回路ではそのような利用の仕方はせず，以下に示すように，計算上の目安のような扱いをします。

この回路において，接地記号はその点の電位を 0 にしなさいという意味なので，点 D の電位が 0 です。点 E と点 A の電位は同じで　1　です。点 C の電位は　2　になります。また，十分に時間がたち，電流が流れていないとすると，抵抗の両端の電位も同じになるので，点 B の電位は点 C の電位と同じ　2　になり

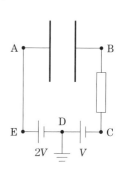

ます。したがって，コンデンサーの両端の電位差が　3　となりますから，コンデンサーが蓄えている電気量は，右の極板が　4　です。

　1　～　3　の選択肢

① $-3V$ 　　② $-2V$ 　　③ $-V$ 　　④ 0

⑤ V 　　⑥ $2V$ 　　⑦ $3V$

　4　の選択肢

① $-3CV$ 　　② $-2CV$ 　　③ $-CV$ 　　④ 0

B−96 誘電体の挿入（難）

コンデンサーの極板間に誘電体を挿入する場合について考える。

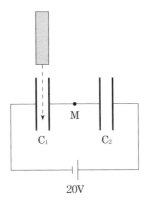

問 電気容量が30μFの2個のコンデンサーC_1，C_2を直列に接続し，起電力20Vの電池につなぐ。電池を接続したまま，C_1に比誘電率3の誘電体をすき間なく挿入する。このとき，図の点Mを通って移動する電気量はいくらか。 ⬚ 1 ⬚ μC

① 150   ② 300   ③ 450   ④ 600

§5 抵抗

A−97 電流と電子の運動

一様な断面の棒状の抵抗に電流が流れている。このとき，内部を流れる自由電子の平均の速さを v とし，抵抗の断面積を S とする。いま，図の断面 A と B に囲まれた部分に着目する。時間 $\varDelta t$ の間に断面 A を通過する自由電子は断面 AB 間の自由電子だけであった。このことより，距離 AB は $v\varDelta t$ である。また，単位体積あたりの自由電子の個数を n とすると，AB 間の自由電子の総個数は $\boxed{1}$ である。自由電子の電気量を $-e$ とすると，時間 $\varDelta t$ の間に断面 A を通過する電気量の絶対値は $\boxed{2}$ となる。したがって，このときの電流の強さは $\boxed{3}$ である。

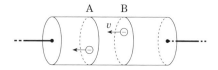

$\boxed{1}$ の選択肢

① $vSn\varDelta t$ ② $\dfrac{Sn}{v}\varDelta t$ ③ $Sn\varDelta t$ ④ $vn\varDelta t$

$\boxed{2}$ の選択肢

① $vSne\varDelta t$ ② $\dfrac{Sne}{v}\varDelta t$ ③ $Sne\varDelta t$ ④ $vne\varDelta t$

$\boxed{3}$ の選択肢

① $vSne$ ② $\dfrac{Sne}{v}$ ③ Sne ④ vne

A－98　キルヒホッフの法則

抵抗値が $8\,\Omega$, $20\,\Omega$, $30\,\Omega$ の 3 個の抵抗と，内部抵抗が無視でき，起電力が $40\,\mathrm{V}$ の電池で図の回路をつくる。この回路において，$8\,\Omega$ の抵抗に流れている電流を $I_1\,[\mathrm{A}]$ とし，$20\,\Omega$ の抵抗に流れている電流を $I_2\,[\mathrm{A}]$ とし，$30\,\Omega$ の抵抗に流れている電流を $I_3\,[\mathrm{A}]$ とする。

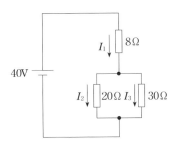

問 1　I_1, I_2, I_3 の間に成り立つ関係式を三つ選べ。

　　　$\boxed{1}$, $\boxed{2}$, $\boxed{3}$ （順不問）

① $I_1 + I_2 + I_3 = 0$　　② $I_1 - I_2 + I_3 = 0$　　③ $I_1 + I_2 - I_3 = 0$

④ $I_1 - I_2 - I_3 = 0$　　⑤ $8\,I_1 + 20\,I_2 = 40$　　⑥ $8\,I_1 + 30\,I_3 = 40$

⑦ $20\,I_2 + 30\,I_3 = 0$

問 2　各抵抗での消費電力の総和を選べ。　$\boxed{4}$

① $40\,I_1$　　　② $40\,I_2$　　　③ $40\,I_3$　　　④ $40(I_1 + I_2 + I_3)$

B－99 電池の内部抵抗

　図1のように，電池に可変抵抗を接続した。可変抵抗の抵抗値を変化させるとき，可変抵抗に流れる電流 I〔A〕とかかる電圧 V〔V〕がどのように変化するかを測定した結果が図2である。

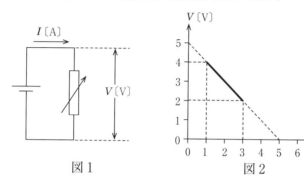

図1　　　　　　　　　　図2

問1　図2の実験範囲（実線部）から，可変抵抗の抵抗値の最大値と最小値を求めよ。

最大値：| **1** |Ω　　　最小値：| **2** |Ω

① 　0.25　　② 　0.33　　③ 　0.67　　④ 　1

⑤ 　2　　　⑥ 　3　　　⑦ 　4　　　⑧ 　5

問2　この電池の起電力を E〔V〕とし，内部抵抗を r〔Ω〕とする。これらの関係式を求めよ。| **3** |

① 　$V = E + rI$　　② 　$V = E - rI$　　③ 　$V = - E + rI$

問3　この電池の内部抵抗の値を求めよ。| **4** |Ω

① 　0.25　　② 　0.33　　③ 　0.67　　④ 　1

⑤ 　2　　　⑥ 　3　　　⑦ 　4　　　⑧ 　5

B-100 ホイートストンブリッジ

内部抵抗が無視でき，起電力が72Vの電池と抵抗値が2Ω，3Ω，6Ωの抵抗，検流計Ⓖ，可変抵抗Rからなる回路がある。

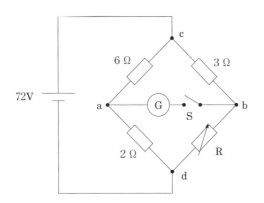

問1 可変抵抗Rの抵抗値を9Ωにし，スイッチSを開く。このとき，電池を流れる電流の強さはいくらか。 $\boxed{1}$ A また，ad間の電位差はいくらか。 $\boxed{2}$ V bd間の電位差はいくらか。 $\boxed{3}$ V

① 10 ② 15 ③ 18 ④ 36 ⑤ 48

⑥ 54 ⑦ 60 ⑧ 72

問2 可変抵抗Rの抵抗値をある値にすると，スイッチSを閉じても，検流計Ⓖに電流が流れない。このときの，Rの抵抗値はいくらか。 $\boxed{4}$ Ω

① $\dfrac{1}{3}$ ② $\dfrac{2}{3}$ ③ 1 ④ 2 ⑤ 3

⑥ 6 ⑦ 9 ⑧ 18

B−101　電球を含む回路

電流と電圧の関係が図1のグラフで示される電球Lがある。この電球Lと100Ωの抵抗，それに，内部抵抗が無視でき，起電力が50Vの電池を用いて，図2の回路をつくる。

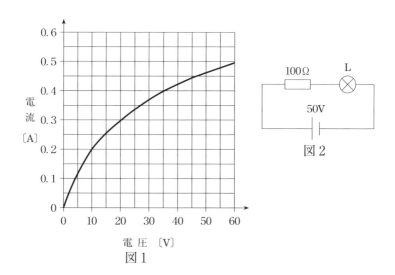

図1

図2

問　図2の回路において，Lにかかる電圧 V〔V〕とLに流れる電流 I〔A〕は，次のどの式を満たすか。　[1]

① $I^2 = 2V$ 　　　② $100I + V = 50$ 　　③ $200I + V = 50$

④ $2I^2 = V$ 　　　⑤ $100I - V = 50$ 　　⑥ $200I - V = 50$

また，V の値はいくらか。$V =$ [2] V

① 10 　　　② 15 　　　③ 20 　　　④ 25 　　　⑤ 30

⑥ 35 　　　⑦ 40 　　　⑧ 45

B−102　抵抗値と電子の運動

次の文中の空欄を埋めよ。

　長さ ℓ，断面積 S の抵抗に電池をつなぎ，電位差 V の電圧をかける。このとき，抵抗に生じる電場の強さ E は $E=$ 　1　 である。抵抗内の自由電子（電気量 $-e$）は電場から力を受けて動き，陽イオンと衝突しながら，平均すると一定の速さで流れる。この運動は，速さ v に比例する抵抗力を受ける運動とみなせる。抵抗力の大きさを kv（k は正の比例定数）とすると，等速になった自由電子の速さは $v=$ 　2　 $\times E$ である。単位体積あたりの自由電子の数を n とすると，電流の強さ I は $I=enSv$ となる。ここに v と E を代入すると，抵抗値 R は，

$$R = \frac{V}{I} = \boxed{3}$$

となり，オームの法則が示されたことになる。

　　　　1　の選択肢

① $\dfrac{\ell}{V}$　　　② $\dfrac{V}{\ell}$　　　③ $\dfrac{S}{V}$　　　④ $\dfrac{V}{S}$

　　　　2　の選択肢

① $\dfrac{k}{eS}$　　　② $\dfrac{e}{kS}$　　　③ $\dfrac{k}{e}$　　　④ $\dfrac{e}{k}$

　　　　3　の選択肢

① $\dfrac{ke}{\ell^2 Sn}$　　② $\dfrac{\ell^2 Sn}{ke}$　　③ $\dfrac{k\ell}{e^2 Sn}$　　④ $\dfrac{e^2 Sn}{k\ell}$

B−103　電圧計と電流計

電池 E，抵抗 R，電流計 A，電圧計 B を用いて図 1 の回路をつくり，Rの抵抗値を測定する。このとき，電流計 A の指示値は I で，電圧計 B の指示値は V であった。抵抗 R の抵抗値を R とする。

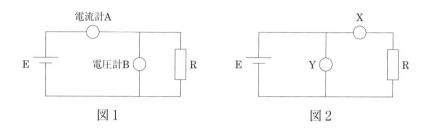

問 1　正しい文章を選べ。　　1

① 電流計 A の内部抵抗が大きいほど $\dfrac{V}{I}$ は R に近くなる。

② 電流計 A の内部抵抗が小さいほど $\dfrac{V}{I}$ は R に近くなる。

③ 電圧計 B の内部抵抗が大きいほど $\dfrac{V}{I}$ は R に近くなる。

④ 電圧計 B の内部抵抗が小さいほど $\dfrac{V}{I}$ は R に近くなる。

問 2　図 2 の回路においても抵抗 R の抵抗値を測定することができる。図 2 において，X と Y はどちらが電流計 A で，どちらが電圧計 B か。　　2

① X が電流計 A で，Y が電圧計 B である。

② X が電圧計 B で，Y が電流計 A である。

B−104　分流器と倍率器（難）

　内部抵抗が1Ωで，1目盛りが1mAの電流計 A がある。この電流計を用いて以下の装置をつくるには何Ωの抵抗（**ア**）をどのように接続（**イ**）すればよいか。

問1　1目盛りが5mAの電流計をつくる場合。　| 1 |

	ア	イ
①	0.2 Ω	直列
②	0.2 Ω	並列
③	0.25 Ω	直列
④	0.25 Ω	並列
⑤	4 Ω	直列
⑥	4 Ω	並列

問2　1目盛りが1Vの電圧計をつくる場合。　| 2 |

	ア	イ
①	99 Ω	直列
②	99 Ω	並列
③	999 Ω	直列
④	999 Ω	並列
⑤	9999 Ω	直列
⑥	9999 Ω	並列

§6 電流と磁場

A－105 電流がつくる磁場

　十分に長い直線導線を流れる電流がつくる磁場について答えよ。ただし，**問2**では地磁気の影響は無視する。

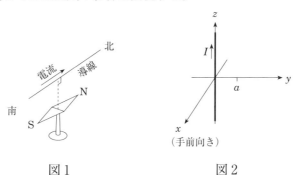

図1　　　　　　　　　　図2

問1　図1のように，導線を南北に張り，南から北の向きに電流を流す。導線の真下に置かれた方位磁針の振れはどうなるか。　　1

① N極が東へ振れる。　　② N極が西へ振れる。

③ 磁針は振れない。

問2　図2のように導線を z 軸に一致させ，$+z$ 方向に強さ I の電流を流す。y 軸上，$y=a$ の位置における磁場の強さと向きを求めよ。

強さ：　　2

① $\dfrac{2\pi I}{a}$　　② $\dfrac{2I}{a}$　　③ $\dfrac{I}{2\pi a}$　　④ $\dfrac{I}{2a}$

向き：　　3

① $+x$ 方向　② $-x$ 方向　③ $+y$ 方向　④ $-y$ 方向

⑤ $+z$ 方向　⑥ $-z$ 方向

A－106　磁場の合成

十分に長い直線導線を流れる電流がつくる磁場について答えよ。

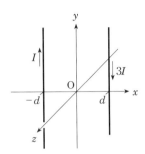

問　図のように，x 軸上，$x=-d$ を通り，y 軸に平行に導線を張り，
$+y$ 方向に強さ I の電流を流す。また，x 軸上，$x=d$ を通り，y 軸に
平行に導線を張り，$-y$ 方向に強さ $3I$ の電流を流す。原点 O にお
ける磁場の強さはいくらか。　| 1 |

  ① $\dfrac{2\pi I}{d}$　 ② $\dfrac{2I}{d}$　 ③ $\dfrac{2I}{\pi d}$　 ④ $\dfrac{\pi I}{2d}$

A－107　電流が磁場から受ける力

　十分に長い2本の直線導線 A，B を距離 d だけ隔てて平行に置く。A に強さ I の電流を，B に強さ $2I$ の電流を互いに逆向きに流す。この空間の透磁率を μ とする。

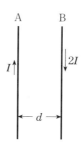

問1　2本の導線にはたらく力はどの向きか。 1

①　A，B ともに，図の右向き

②　A，B ともに，図の左向き

③　互いに反発しあう向き

④　互いに引きあう向き

問2　導線 A の電流の向きだけを逆にするとき，2本の導線にはたらく力はどの向きか。 2 （選択肢は**問1**と共通）

問3　導線 A にはたらく力の大きさは，単位長さあたりいくらか。 3

①　$\dfrac{\mu I^2}{2\pi d}$ 　　②　$\dfrac{\mu I^2}{\pi d}$ 　　③　$\dfrac{2\mu I^2}{\pi d}$ 　　④　$\dfrac{4\mu I^2}{\pi d}$

B-108 ローレンツ力

文中の空欄に入れるべきものを，それぞれの選択肢のうちから選べ。

長さ ℓ〔m〕，断面積 S〔m^2〕の導線が図のように置かれ，図の右向きに強さ I〔A〕の電流を流す。磁束密度の大きさが B〔Wb/m^2〕の一様な磁場を図の上向きにかける。

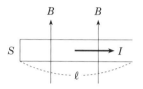

このとき，導線が磁場から受ける力の大きさは ▢1 〔N〕で，その向きは ▢2 である。電流の正体は，電流と反対の向きに流れる自由電子である。導線を流れる自由電子（電気量は $-e$〔C〕とする）の速さを v〔m/s〕とすると，自由電子1個が受けるローレンツ力の大きさは ▢3 〔N〕で，その向きは ▢4 である。

▢1 の選択肢

① ISB ② $I\ell SB$ ③ $IB\ell$ ④ $\dfrac{IBS}{\ell}$

▢2 と ▢4 の選択肢

①　図の右向き　　　②　図の左向き

③　図の上向き　　　④　図の下向き

⑤　紙面の裏から表へ向かう向き

⑥　紙面の表から裏へ向かう向き

▢3 の選択肢

① eSv ② evB ③ eSB ④ $e\ell SB$

B−109　ローレンツ力と円運動

　磁束密度 B の一様な磁場中で，質量 m，電気量 $q\,(q>0)$ の荷電粒子 P が速さ v の等速円運動をしている。P は磁場からのローレンツ力のみを受けて運動しているものとする。

問1　等速円運動の半径を求めよ。　　1

　　① $\dfrac{mB}{qv}$　　② $\dfrac{qv}{mB}$　　③ $\dfrac{mv}{qB}$　　④ $\dfrac{qB}{mv}$

問2　等速円運動の周期を求めよ。　　2

　　① $\dfrac{2\pi mB}{q}$　　② $\dfrac{2\pi q}{mB}$　　③ $\dfrac{2\pi m}{qB}$　　④ $\dfrac{2\pi qB}{m}$

問3　P の円運動の向きと磁場の向きの組合せを選べ。　　3

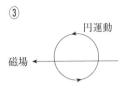

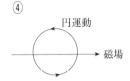

B－110　電磁場内の電子の運動

　真空中に，図のような装置がある。質量 m〔kg〕，電気量 $-e$〔C〕$(e > 0)$ の電子（熱電子）が極板 K から出てくる。電子の初速はゼロとし，重力は無視できるものとする。十分に広い極板 L と K には電位差 V〔V〕がかけられており，L の右側の領域は磁束密度 B〔Wb/m²〕の磁場が紙面の裏から表に向かってかけられている。

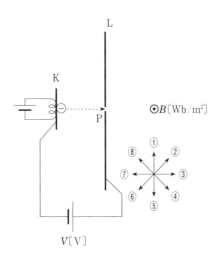

問1　極板 L の小孔 P を通過するとき，電子の運動エネルギーはいくらか。 1 〔J〕

① $\dfrac{e}{V}$ 　　② eV 　　③ $\sqrt{\dfrac{e}{V}}$ 　　④ $\sqrt{\dfrac{V}{e}}$

（次頁に続く）

問2 小孔 P を速さ v 〔m/s〕で通過した電子は，極板の右側の領域で円軌道の一部を描く。

(ア) 円軌道の半径はいくらか。 | 2 | 〔m〕

① evB　　② $\dfrac{ev}{B}$　　③ $\dfrac{eB}{mv}$　　④ $\dfrac{mv}{eB}$　　⑤ $\dfrac{mvB}{e}$

⑥ $\dfrac{e}{mvB}$

(イ) 電子は小孔 P を通過してから，磁場中を運動し，極板 L に衝突する。この間の時間はいくらか。 | 3 | 〔s〕

① $\dfrac{\pi e}{mB}$　　② $\dfrac{\pi eB}{m}$　　③ $\dfrac{\pi m}{eB}$　　④ $\dfrac{2\pi e}{m}$

⑤ $\dfrac{2\pi eB}{m}$　　⑥ $\dfrac{2\pi m}{eB}$

§7　電磁誘導

A−111　レンツの法則

次の文中の空欄を埋めよ。

図のように，コイルに磁石のN極を下から近づける。このとき，コイルを上向きに貫く磁束が　1　する。そのため，コイルには誘導電流が流れる。レンツの法則によると，コイルを流れる誘導電流は　2　向きにコイルを貫く磁場をつくる。したがって，誘導電流の向きは，コイルにつけた矢印と　3　である。また，磁石はコイルを流れる誘導電流から　4　向きの力を受ける。

コイル

N

S

1　の選択肢

① 増加　　② 減少　　③ 回転　　④ 上昇

2　・　4　の選択肢

① 上　　② 下　　③ 横

3　の選択肢

① 同じ　　② 反対

A－112　導体棒の誘導起電力

電磁誘導について，下の問いに答えよ。

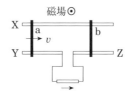

問　図のように，水平な床上にレール X，Y，Z を置き，導体棒 a，b を
その上にのせる。磁場を鉛直上向きにかけておいて，a を速さ v で
右に動かし，b を固定する。このとき，

　㋐　Y，Z 間につながれた抵抗を流れる電流はどうなるか。　[1]

　　①　図の矢印の向きに流れる。

　　②　図の矢印と反対の向きに流れる。

　　③　電流は流れない。

　㋑　導体棒 b の固定を外すと b の動きはどうなるか。　[2]

　　①　図の右方に動きだす。

　　②　図の左方に動きだす。

　　③　静止したまま動かない。

A－113 ファラデーの法則

図のように，断面積が $5.0 \times 10^{-3}\,\mathrm{m}^2$，巻き数 2000 回のコイルがある。このコイルを矢印の向きに貫く一様な磁場の磁束密度が 0.4 秒につき $0.32\,\mathrm{Wb/m^2}$ の割合で減少した。

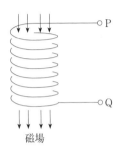

磁場

問1 P と Q とではどちらの電位が高くなるか。 ☐1☐

① P ② Q ③ 条件が不足しているので特定できない。

問2 PQ 間の電圧はいくらか。 ☐2☐ V

① 8.0   ② 12   ③ 16   ④ 32

B－114　レール上の導体棒

　図のように，磁束密度 B の磁場が鉛直上向きにかけられている。間隔 ℓ で2本の長い導体レールが水平に設置され，その左端には抵抗値 R の抵抗が接続されている。レールに垂直に長さ ℓ，質量 m の導体棒を置き，右向きの初速 v_0 を与える。抵抗以外の電気抵抗，および装置各部の摩擦は無視でき，導体棒は常にレールと垂直な状態を保ちながら運動するものとする。

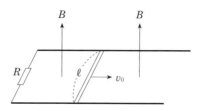

問1　導体棒に初速を与えた直後に，導体棒に流れる電流の強さはいくらか。　| 1 |

① $\dfrac{v_0 B^2 \ell^2}{R}$　② $\dfrac{v_0^2 B^2 \ell}{R}$　③ $\dfrac{v_0^2 B \ell^2}{R}$　④ $\dfrac{v_0 B \ell}{R}$

問2　導体棒に初速を与えてから十分に時間がたつまでの間の導体棒の運動はどのようになるか。| 2 |

① 　減速しながら右に進み，ある位置で静止し，そのまま動かない。

② 　減速しながら右に進むが，ある速さからは減速せず，一定の速さで右に進む。

③ 　初速を与えた位置を中心に，往復運動をする。

§8 相互誘導, 自己誘導, 交流

B－115 相互誘導

鉄心にコイル A, B を図1のように巻きつける。コイル A を電源 C につなぎ, A に流れる電流 I〔A〕（図の矢印の向きを正とする）を時間 t〔s〕に対して, 図2のように変化させる。コイル A と B の間の相互インダクタンスを 3 H とする。

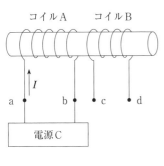

図1

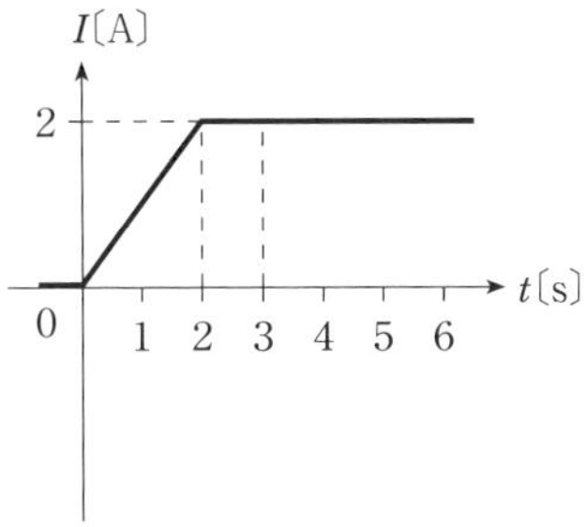

図2

問1 $0 < t < 2$ s のとき, 鉄心を貫く磁束の向きはどちら向きか。

　　1

　① 右向き　② 左向き　③ どちらともいえない

また, このときコイル B に生じる相互誘導起電力の大きさはいくらか。 　2 　V

　① 1　　② 2　　③ 3　　④ 4　　⑤ 5
　⑥ 6　　⑦ 7　　⑧ 8　　⑨ 9　　⓪ 10

B－116 自己誘導（難）

　図1において，Eは内部抵抗が無視でき，起電力が12Vの電池，R
は抵抗，Lはコイルである。図2は，スイッチSを閉じた時刻を $t=0$
として横軸にとり，回路に流れる電流 I を縦軸にとって，電流の変化
を表したグラフである。直線アは $t=0$ におけるグラフの接線である。

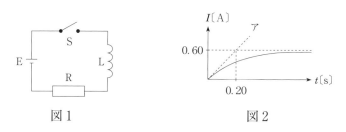

図1　　　　　　　　　　　図2

問1　$t=0$ にコイルLに生じる自己誘導起電力の大きさは，電池の起
　　　電力に等しく，12Vである。コイルLの自己インダクタンスは
　　　いくらか。　□ 1 □ H

　　①　1　　　　　②　2　　　　　③　3　　　　　④　4

　　⑤　5　　　　　⑥　6　　　　　⑦　7　　　　　⑧　8

問2　抵抗Rの抵抗値はいくらか。　□ 2 □ Ω

　　①　10　　　　②　20　　　　③　30　　　　④　40

　　⑤　50　　　　⑥　60　　　　⑦　70　　　　⑧　80

B－117　リアクタンス

　抵抗値が150Ωの抵抗R，自己インダクタンスが5Hのコイル L，電気容量が100μFのコンデンサー C がある。電圧の実効値が100V，角周波数が50 rad/s の交流電源 E をそれぞれに接続する。

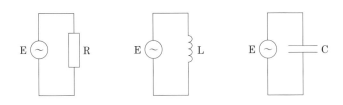

問1　交流電源 E の電圧の最大値はいくらか。　□ 1 □ V

①　50　　　②　72　　　③　100　　　④　141　　　⑤　200

問2　L および C のリアクタンスを求めよ。

L：□ 2 □ Ω，C：□ 3 □ Ω

①　150　　　②　200　　　③　250　　　④　400　　　⑤　500

問3　R，L および C に流れる電流の実効値を求めよ。

R：□ 4 □ A，L：□ 5 □ A，C：□ 6 □ A

①　0.20　　　②　0.25　　　③　0.40　　　④　0.50　　　⑤　0.67

B－118　交流の位相

　図1のように，抵抗R，コイルL，コンデンサーCにそれぞれ交流電圧 v をかける。

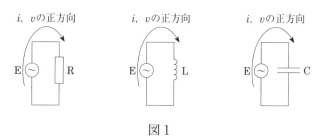

図1

問　交流電圧 v が時間 t に対して図2のように変化するとき，電流 i の変化を表すグラフの概形をそれぞれ選べ。

R : 　1　　　L : 　2　　　C : 　3

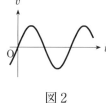

図2

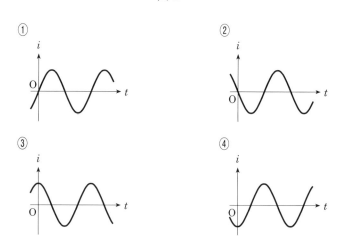

B－119　振動電流

電位差 100 V の電池，電気容量 $20\,\mu$F のコンデンサー，自己インダクタンス 50 mH のコイルを図のようにつなぐ。はじめに，スイッチ S_1 を閉じ，十分に時間がたってから，S_1 を開く。次に，スイッチ S_2 を閉じる。S_2 を閉じると，コンデンサーとコイルからなる回路に，振動電流が流れる。回路内の抵抗は無視できるものとする。

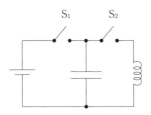

問　振動電流の周期はいくらか。 $\boxed{\ \ 1\ \ }\times 10^{-3}$ s

① 3.14　　② 6.28　　③ 9.42　　④ 12.6

また，振動電流の最大値はいくらか。 $\boxed{\ 2\ }$ A

① 1　　　② 2　　　③ 3　　　④ 4　　　⑤ 5

第5章

光 と 原 子

（9題）

§1 粒子性と波動性

A－120 光の粒子性

文中の空欄に入れるべきものを，それぞれの選択肢のうちから選べ。ただし，プランク定数を 6.6×10^{-34} J·s，真空での光速を 3.0×10^8 m/s とする。

光を波動とみるとき，波長 7.5×10^{-7} m の光（赤色光）の振動数は $\boxed{1}$ Hz である。また，明るい光というのは $\boxed{2}$ が大きい光のことである。

光を粒子とみるとき，その粒子を光子という。波長 7.5×10^{-7} m の光は，1個のエネルギーが $\boxed{3}$ J で，運動量の大きさが $\boxed{4}$ kg·m/s の光子が集まったものである。このとき，明るい光というのは $\boxed{5}$ が大きいものである。

$\boxed{1}$ と $\boxed{3}$ と $\boxed{4}$ の選択肢

① 4.0×10^{-19} ② 4.0 ③ 4.0×10^{14}

④ 2.6×10^{-19} ⑤ 2.6 ⑥ 2.6×10^{28}

⑦ 8.8×10^{-28} ⑧ 8.8 ⑨ 8.8×10^{28}

$\boxed{2}$ と $\boxed{5}$ の選択肢

① 波長   ② 周期   ③ 振動数   ④ 振幅

⑤ 光子の数   ⑥ 光子の重さ   ⑦ 光子の色

A－121　コンプトン効果

静止している質量 m の電子に波長 λ の光子が衝突し，光子が進行方向と反対の方向に散乱され，電子が速さ v ではじきとばされる場合を考える。散乱された光子の波長を λ_1，プランク定数を h，真空中の光速を c とする。

問　エネルギー保存を示す式は次のうちどれか。　$\boxed{1}$

　　また，運動量保存を示す式は次のうちどれか。　$\boxed{2}$

① $\dfrac{h}{\lambda} = \dfrac{h}{\lambda_1} + mv$ 　　　　　　② $\dfrac{h}{\lambda} = \dfrac{h}{\lambda_1} - mv$

③ $\dfrac{h}{\lambda} = -\dfrac{h}{\lambda_1} + mv$ 　　　　　④ $\dfrac{h}{\lambda} = \dfrac{h}{\lambda_1} + \dfrac{1}{2}mv^2$

⑤ $\dfrac{hc}{\lambda} + mc^2 = \dfrac{hc}{\lambda_1} + \dfrac{1}{2}mv^2$

⑥ $\dfrac{hc}{\lambda} + mc^2 = -\dfrac{hc}{\lambda_1} + \dfrac{1}{2}mv^2$

⑦ $\dfrac{hc}{\lambda} + mc^2 = \dfrac{hc}{\lambda_1} - \dfrac{1}{2}mv^2$ 　⑧ $\dfrac{hc}{\lambda} = \dfrac{hc}{\lambda_1} + \dfrac{1}{2}mv^2$

A－122　光電効果

　図1は光電効果の測定装置である。光源からの光は陰極 K にあたり，K から光電子が飛び出る。陽極 P と陰極 K の間に電位差 V（K に対する P の電位）をかけて，光電流 I を測定する。図2は，振動数 ν_0 の一定の強さの光についての I と V の測定結果である。プランク定数を h，電気素量を e とする。

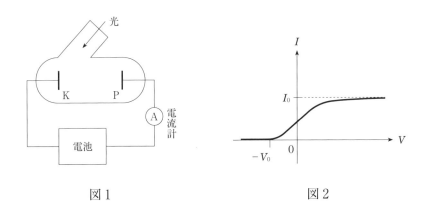

図1　　　　　　　　　　　図2

問　光の振動数を ν_0 のままにし，光の強さを2倍にする。図2の実験結果はどうなるか。　□ 1

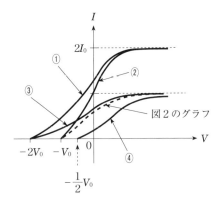

B－123　物質波

文中の空欄に入れるべきものを，それぞれの選択肢のうちから一つ選べ。

微小粒子だと思われていた電子などにも波動性（物質波）があると考えられる。プランク定数を h とすると，質量 m，速さ v の電子の流れを波と見るとき，その波長は　1　である。さて，定常状態の水素原子であるが，電子は原子核からの静電気力を受けて原子核の回りを等速円運動している。この電子の運動を波と見るときの波長を λ，円軌道の半径を r，自然数を n とすると，関係式　2　が成立している。この関係式をボーアの　3　という。

　1　の選択肢

① $\dfrac{h}{mv}$　　　② $\dfrac{2h}{mv^2}$　　　③ $\dfrac{mv}{h}$

④ $\dfrac{mv^2}{2h}$　　　⑤ mvh　　　⑥ $\dfrac{1}{2}hmv^2$

　2　の選択肢

① $\lambda = nr$　　　② $r = n\lambda$　　　③ $\pi r = n\lambda$

④ $2\pi r = n\lambda$　　　⑤ $2r = n\lambda$　　　⑥ $\pi r^2 = n\lambda^2$

　3　の選択肢

① 量子条件　　　② 光の波動性　　　③ 光量子仮説

④ 振動数条件

B－124 水素原子の構造（難）

水素原子のエネルギー準位は次式で示される。

$$E_n = -\frac{2.2 \times 10^{-18}}{n^2} \text{ [J]}$$

プランク定数を 6.6×10^{-34} J・s，真空での光速を 3.0×10^{8} m/s，電気素量を 1.6×10^{-19} C とする。

問1 水素原子の電子が $n=3$ の軌道から $n=2$ の軌道に移るとき，放出される光子 1 個のエネルギーは何 J か。 $\boxed{1} \times 10^{-19}$ J
また，この光子の波長は何 m か。 $\boxed{2} \times 10^{-7}$ m

① 1.3 ② 1.9 ③ 2.2 ④ 3.1 ⑤ 5.8
⑥ 6.5 ⑦ 7.3 ⑧ 8.1 ⑨ 9.1

問2 基底状態（$n=1$）の電子を原子核から完全に引き離す（$n=\infty$）には，何 m 以下の波長をもつ光をあてればよいか。 $\boxed{3} \times 10^{-8}$ m

① 1.0 ② 2.0 ③ 3.0 ④ 4.0 ⑤ 5.0
⑥ 6.0 ⑦ 7.0 ⑧ 8.0 ⑨ 9.0

B−125　X線の発生

　図1はX線発生装置の略図である。陰極Kを出た電子（速さゼロ）はV〔V〕の電位差で加速され，陽極Pに達する。Pと電子が衝突するとき，X線が発生する。発生したX線の波長λ〔m〕と，その強さの分布は図2のようになる。

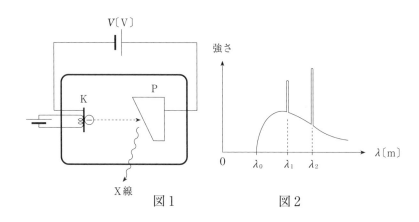

図1　　　　　　　　　図2

　プランク定数をh〔J·s〕，真空での光速をc〔m/s〕，電子の電気量を$-e$〔C〕，質量をm〔kg〕とする。

問1　波長λ_1，λ_2のX線はどう呼ばれるか。　　$\boxed{\text{　1　}}$

　　① 連続X線　　　　　　　② 固有X線

問2　図2におけるλ_0の値はいくらか。$\lambda_0 = \boxed{\text{　2　}}$〔m〕

　　① $\dfrac{h}{\sqrt{2\,meV}}$　　② $\dfrac{h}{\sqrt{meV}}$　　③ $\dfrac{hc}{eV}$　　④ $\dfrac{hc}{\sqrt{2\,meV}}$

§2 原子核

A－126 崩壊

文中の空欄に入れるべきものを，それぞれの選択肢のうちから選べ。

ウラン $^{238}_{92}U$ の原子核は　 1 　個の陽子と　 2 　個の中性子からできている。α 崩壊は，原子核が α 線を放出して別の原子核に変わる現象である。α 線の正体はヘリウム ^4_2He の原子核なので，ウラン $^{238}_{92}U$ が α 崩壊すると，　 3 　になる。β 崩壊は，原子核が β 線を放出して別の原子核に変わる現象である。β 線の正体は，高速の電子なので，原子核の原子番号は　 4 　。また，質量数は　 5 　。

　 1 　と　 2 　の選択肢

① 92　　② 146　　③ 238　　④ 340

　 3 　の選択肢

① $^{238}_{90}Th$　　② $^{234}_{91}Pa$　　③ $^{234}_{90}Th$　　④ $^{234}_{89}Ac$

　 4 　と　 5 　の選択肢

① 4減る　　② 3減る　　③ 2減る　　④ 1減る

⑤ 4増える　　⑥ 3増える　　⑦ 2増える　　⑧ 1増える

⑨ 変わらない

B－127　半減期と放射線

放射線に関する先生と生徒の会話中の空欄を埋めよ。

先生：放出する放射線の量は放射性物質の量に比例します。放射性物質の量は，放射線を放出するにつれて減少していきます。例えば，ラジウム $^{226}_{88}\mathrm{Ra}$ という放射性物質の半減期は 1600 年です。現在，400 g のラジウム $^{226}_{88}\mathrm{Ra}$ があったとすると，現在から 3200 年後は 　1　 g になります。また，現在から 800 年後は 　2　 g になります。

生徒：放射線の強さはどんな単位が使われますか。

先生：ベクレル (Bq) という単位がよく使われます。これは 1 秒間に放出する放射線の数です。例えば，半減期が T〔s〕の放射性物質の質量が m〔g〕で，その物質から出る放射線の強さが I〔Bq〕だとします。また，1 度放射線を出すとその原子核は安定になるとします。放射線の強さが $\dfrac{1}{8}I$〔Bq〕になるのは，今から 　3　 〔s〕後となります。

　1　 と 　2　 の選択肢

①　100　　　②　200　　　③　283　　　④　400

　3　 の選択肢

①　$\dfrac{1}{8}T$　　②　$\dfrac{1}{4}T$　　③　$\dfrac{1}{3}T$　　④　$\dfrac{1}{2}T$　　⑤　T

⑥　$2T$　　　⑦　$3T$　　　⑧　$4T$　　　⑨　$8T$

A－128　結合エネルギー

文中の空欄に入れるべきものを，それぞれの選択肢のうちから一つ
ずつ選べ。ただし，真空の光速を $3.0 \times 10^8 \mathrm{m/s}$ とする。

アインシュタインによると，質量とエネルギーは等価であり，真空
の光速を c とすると，質量 m はエネルギー E との間に関係式 $\boxed{1}$
が成り立つ。この考えを用いて，原子核の結合エネルギーを求めてみ
る。

${}^4_2\mathrm{He}$ 核 1 個の質量は $4.0015\,\mathrm{u}$（$1\,\mathrm{u} = 1.66 \times 10^{-27}\,\mathrm{kg}$）であり，中性
子 1 個の質量は $1.0087\,\mathrm{u}$，陽子 1 個の質量は $1.0073\,\mathrm{u}$ である。これ
より，${}^4_2\mathrm{He}$ 核の質量欠損は $\boxed{2} \times 10^{-29}\,\mathrm{kg}$ である。そして，エネル
ギーと質量の関係式を用いると，${}^4_2\mathrm{He}$ 核を中性子と陽子にばらばらに
するのに要するエネルギーが $\boxed{3} \times 10^{-12}\,\mathrm{J}$ であることがわかる。
このエネルギーが ${}^4_2\mathrm{He}$ 核の結合エネルギーである。

$\boxed{1}$ の選択肢

① $E = mc$ 　　　　② $E = mc^2$ 　　　　③ $E = m^2c$

$\boxed{2}$ と $\boxed{3}$ の選択肢

① 3.2 　　② 4.6 　　③ 5.1 　　④ 6.7 　　⑤ 8.9

24920

第1章　力と運動

A－1

解答　　$\boxed{1}$－②　　$\boxed{2}$－①

解説

問1　等加速度直線運動の公式を利用するため，座標軸 x を決める。ここでは鉛直上向きを正とし，小球を投げ出した位置を原点 O とする。

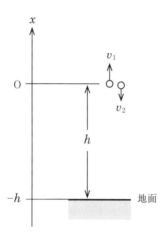

この座標軸では，地面の位置は $x = -h$ である。小球1については，初速度が v_1 で，加速度は $-g$ である。したがって，

$$-h = v_1 t_1 + \frac{1}{2}(-g)t_1^2$$

$$\therefore \quad \underline{h = -v_1 t_1 + \frac{1}{2}g t_1^2}$$

問2　小球2については，初速度が $-v_2$ で，加速度は $-g$ である。したがって，

$$-h = -v_2 t_2 + \frac{1}{2}(-g)t_2^2$$

$$\therefore \quad \underline{h = v_2 t_2 + \frac{1}{2}g t_2^2}$$

A－2

解答 $\boxed{1}$ － ④ $\boxed{2}$ － ④ $\boxed{3}$ － ③

解説

問1　鉛直下向きの運動は初速 0，加速度 g の等加速度直線運動である。小球が投げ出されてから地面に落下するまでの時間 t は，

$$h = \frac{1}{2}gt^2 \qquad \therefore \quad t = \underline{\sqrt{\frac{2h}{g}}}$$

問2　水平右向きの運動は速度 v_0 の等速度運動である。

$$D = v_0 t = \underline{v_0 \sqrt{\frac{2h}{g}}}$$

問3　地面に落下するときの速度の鉛直下向き成分 u は，

$$u = gt = \sqrt{2gh}$$

水平右向き成分 w は，

$$w = v_0$$

地面に落下するときの速さ V は三平方の定理より，

$$V = \sqrt{u^2 + w^2} = \underline{\sqrt{v_0{}^2 + 2gh}}$$

A－3

解答 $\boxed{1}$ － ④ $\boxed{2}$ － ③

解説

問1　南側にいる車 B から見て，車 C が近づいてくるので，相対速度の向きは<u>南向き</u>である。相対速度の大きさは，

$$9 - (-16) = \underline{25} \, \mathrm{m/s}$$

問2　車Aと車Bの進行方向が一直線上
にないので，矢印を用いたベクトルで
考える。車Aの速度を$\vec{v_A}$とし，車B
の速度を$\vec{v_B}$とする。車Aに対する車
Bの相対速度$\vec{v}$は，

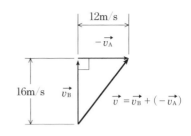

$$\vec{v} = \vec{v_B} - \vec{v_A}$$

図より，

$$|\vec{v}| = \sqrt{16^2 + 12^2} = \underline{20}\ \text{m/s}$$

B－4

解答　　1 －③　　2 －④

解説

問1　問題の図より，時刻$t=0$における速度成分は，

$$v_x = 3.0\ \text{m/s} \qquad v_y = 4.0\ \text{m/s}$$

したがって，$t=0$における速さv_0は，

$$v_0 = \sqrt{3.0^2 + 4.0^2} = \underline{5.0}\ \text{m/s}$$

問2　問題のv_x-tグラフの傾きより，加速度のx成分a_xは，

$$a_x = -\frac{3+3}{10} = -0.6\ \text{m/s}^2$$

したがって，時刻tにおける小物体の位置xは，

$$x = 3.0\,t + \frac{1}{2}a_x t^2 = 3.0\,t - 0.3\,t^2$$

問題のv_y-tグラフより，加速度のy成分は0なので，時刻tにおける小物体
の位置yは，

$$y = 4.0\,t$$

2式からtを消去して，

$$x = 0.75y - 0.01875y^2$$

この式より，次のようなグラフであることがわかる。

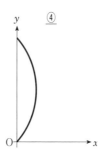

④

B－5

解答　　| 1 |－①　　| 2 |－②　　| 3 |－②　　| 4 |－②

解説

　図のように，投げ上げたときの速度を分解すると，鉛直成分の大きさは $\underline{v_0 \sin \theta}_1$ である。

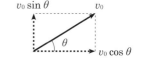

　鉛直方向の運動に着目すると，ボールが地面に落下するときというのは，同じ高さに戻るときなので，変位がゼロである。等加速度直線運動の式より，

$$0 = v_0 \sin \theta \times t - \frac{1}{2}gt^2 \quad \therefore \quad t = \underline{\frac{2v_0 \sin \theta}{g}}_2$$

　投げ上げたときの速度の水平成分の大きさは，上図より，$\underline{v_0 \cos \theta}_3$ である。水平方向は等速運動なので，投げ上げた点から落下点までの距離 L は，

$$L = v_0 \cos \theta \times \frac{2v_0 \sin \theta}{g} = \frac{2{v_0}^2 \sin \theta \cos \theta}{g}$$

　三角関数の公式 $2 \sin \theta \cos \theta = \sin(2\theta)$ を用いて，

$$L = \underline{\frac{{v_0}^2}{g}}_4 \times \sin(2\theta)$$

A－6

解答　　| 1 |－⑥　　| 2 |－①

解説

棒に垂直な力の成分の大きさは，次図のように，<u>4</u>₁ N である。

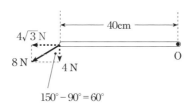

力の作用線と点 O との距離は，次図のように，20 cm ＝<u>0.2</u>₂ m である。

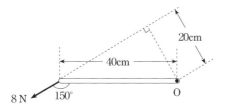

A－7

解答 　1 －④ 　　2 －④

解説

問1 皿の質量と物体の質量の和を m 〔kg〕，重力加速度の大きさを g〔m/s²〕とする。

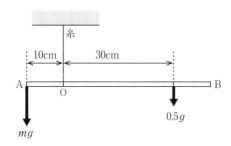

点 O まわりのモーメントのつりあいより，

$$mg \times 0.1 - 0.5g \times 0.3 = 0$$

$$\therefore \quad m = 1.5 \, \text{[kg]} = \underline{1500} \, \text{g}$$

問2 最も重い物体の質量をはかるとき，おもりを右端Bの位置に移動させなければいけない。

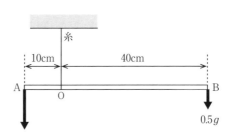

最も重い物体の質量を M [kg] とすると，点Oまわりのモーメントのつりあいより，

$$(M + 0.1)g \times 0.1 - 0.5g \times 0.4 = 0$$

$$\therefore \quad M = 1.9 \, \text{[kg]} = \underline{1900} \, \text{g}$$

A－8

解答　| 1 |－①　| 2 |－④

解説

問1　重心の位置は，2個のおもりの間を質量の逆比に内分する点である。

CG：GD＝2.0：6.0　　CG＋GD＝1.0 m

$\therefore$　CG＝0.25 m＝<u>25</u> cm

問2　棒のみの重心は，棒の中心Oにある。したがって，Gに8.0 kg，Oに8.0 kg

の質量が集中していると考えると，全体の重心 G′ は GO の中点である。

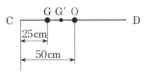

$$\therefore \quad CG' = CG + GG'$$
$$= 25 + \frac{50-25}{2} = \underline{37.5} \text{cm}$$

B－9

|解答|　　　1 －③　　　　2 －③

|解説|

問 1　A が壁から受ける垂直抗力を R，B が床から受ける垂直抗力を N，静止摩擦力を f とする。

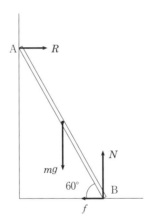

鉛直方向の力のつりあいより，

$$N = mg$$

A まわりの力のモーメントのつりあいより，

$$N \times \frac{1}{2}\ell = f \times \frac{\sqrt{3}}{2}\ell + mg \times \frac{1}{4}\ell$$

これらより，

$$f = \frac{\sqrt{3}}{6}\,mg$$

問2 点Bでの最大摩擦力は $\mu N = \mu mg$ なので，

$$\frac{\sqrt{3}}{6}\,mg \leq \mu mg \qquad \therefore \quad \mu \geq \frac{\sqrt{3}}{6}$$

B－10

|解答| $\boxed{1}$ －① $\boxed{2}$ －② $\boxed{3}$ －②

|解説|

問1 Pの重さを W，板から受ける垂直抗力を N，静止摩擦力を f とし，Pにはたらく力を図示し，力を板の面とそれに垂直な方向に分解する。

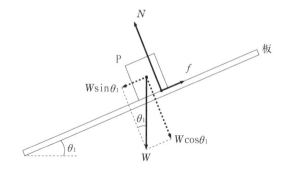

板の面に沿った方向について，力のつりあいより，

$$f = W \sin \theta_1$$

板の面に垂直な方向について，力のつりあいより，

$$N = W \cos \theta_1$$

Pがすべり始めるのは，静止摩擦力が最大摩擦力になるときである。

$$f = \mu N$$

$$\therefore \quad W \sin \theta_1 = \mu W \cos \theta_1 \qquad \therefore \quad \tan \theta_1 = \underline{\mu}$$

問2 Pが板上で倒れ始めるとき，Pの左下の角（かど），点Aを支えとして傾く。

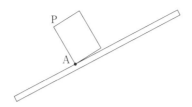

　このとき，垂直抗力 N と静止摩擦力 f の作用点は点 A になる。点 A まわりのモーメントのつりあいを考えると，N と f のモーメントはゼロなので，残りの重力 W のモーメントもゼロでなければいけない。したがって，W の作用線上に点 A が存在しなければいけない。

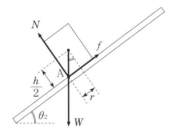

　この力の図より，

$$\tan\theta_2 = \frac{r}{\left(\dfrac{h}{2}\right)} = \frac{2r}{h}$$

問3　すべり始めるときの角度 θ_1 より，倒れるときの角度 θ_2 の方が大きいとき，倒れる前にすべり始めることになる。$\theta_1 < \theta_2$ より，

$$\tan\theta_1 < \tan\theta_2 \qquad \therefore \quad \underline{\mu < \frac{2r}{h}}$$

A－11
解答　　1 －③　　2 －④　　3 －④

解説

　物体に加えられた力積を I_a，I_b，I_c とする。力積は運動量変化（＝後－前）に等しいので，

(a)

$$I_{\mathrm{a}} = m \times 2v - m \times v = \underline{mv}$$

(b)

$$I_{\mathrm{b}} = m \times \frac{1}{2} v - m \times v = \underline{-\frac{1}{2} mv}$$

(c)

$$I_{\mathrm{c}} = m \times (-v) - m \times v = \underline{-2mv}$$

A－12

解答　$\boxed{1}$ －②　　$\boxed{2}$ －③

解説

問1　鉛直下向きを正とすると，この間の力積は mgt，運動量は $-mv$ から $\frac{1}{2}mv$ に変化している。

$$mgt = \frac{1}{2}mv - (-mv) \qquad \therefore \quad \underline{mgt = \frac{1}{2}mv + mv}$$

問2　小物体にはたらく力は重力と垂直抗力であり，それらの合力は $mg\sin30° = \frac{1}{2}mg$ である。この間の力積は $\frac{1}{2}mgt$，運動量は 0 から mv に変化している。

$$\underline{\frac{1}{2}mgt = mv}$$

A－13

解答　　1 － ③

解説

　コンクリートに着地しようが，マットに着地しようが，着地して人の運動量がゼロになることに変わりない。すなわち，人の運動量変化は同じである。したがって，マットやコンクリートから受ける力積も同じである。→①，②は誤り

　着地による変形はコンクリートよりマットの方が大きい。そのため，人の足と着地点が接する時間はマットの方が長くなる。力積が同じであれば，力を受ける時間が長い方は力が小さくなる。すなわち，マットの方が，足が受ける衝撃が小さい。→③が正解

A－14

解答　　1 － ④　　　2 － ②

解説

問1　力のグラフが時間軸と囲む部分の面積が力積に等しい。グラフの目盛りは1マスが $20\,\mathrm{N} \times 0.02\,\mathrm{s} = 0.4\,\mathrm{N \cdot s}$ である。まず，完全なマスを数える。

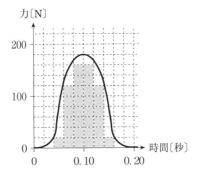

　この図では完全なマスが30個ある。不完全なマスを加えると，マスの合計が40個くらいなので，力積 I は，

$$I = 0.4 \times 40 = \underline{16}\ \mathrm{N \cdot s}$$

問2　はね返ったときの速さを v とする。上向きを正として，力積と運動量変化の関係より，

$$2 \times v - 2 \times (-5) = 16 \qquad \therefore \quad v = \underline{3}\ \text{m/s}$$

B－15

解答　　$\boxed{1}$ －① 　$\boxed{2}$ －③

解説

問1　A が右向きの力を受けるのは明らかである。したがって，衝突後，A は必ず右へ進む。B は左向きの力を受けるが，衝突前に右向きの速度 v をもっているので，衝突後必ず左に進むとは限らない。

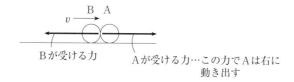

問2　運動量の変化 $\overrightarrow{\varDelta I}$ を作図すると，次のようになる。

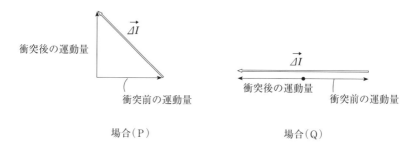

　　　　　　場合（P）　　　　　　　　　　　　　　場合（Q）

　ボールが受ける力積は運動量の変化 $\overrightarrow{\varDelta I}$ に等しいので，図より場合 (P) の方が小さい。

B－16

解答　　□1□ － ④　　□2□ － ①

解説

問1　速度の水平成分が変化しないことから，衝突後の速さ v' が求められる。

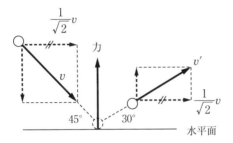

$$v' = \frac{1}{\sqrt{2}} v \times \frac{2}{\sqrt{3}} = \frac{\sqrt{6}}{3} v$$

問2　速度の鉛直成分の大きさは，$\frac{1}{\sqrt{2}} v$ から $\frac{\sqrt{6}}{6} v$ に変化している。

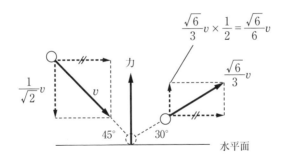

求める力積の大きさを I とする。鉛直上向きを正として，

$$I = m \times \frac{\sqrt{6}}{6} v - m \left(-\frac{1}{\sqrt{2}} v \right) = \frac{3\sqrt{2} + \sqrt{6}}{6} mv$$

A －17

解答 | 1 |－③ | 2 |－④ | 3 |－③ | 4 |－②
| 5 |－①

解説

　反発係数 e の公式を用いることができるが，計算が簡単なので，ここでは定義に
のっとった解法を利用する。

$$e = \frac{\text{遠ざかる相対速度の大きさ}}{\text{近づく相対速度の大きさ}}$$

(a)　次の図より，近づく相対速度の大きさは $10 - 2 = 8$ m/s である。遠ざかる
　　相対速度の大きさは $6 - 2 = 4$ m/s である。

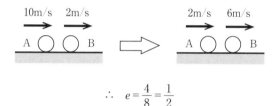

$$\therefore \quad e = \frac{4}{8} = \underline{\frac{1}{2}}$$

(b)　次の図より，近づく相対速度の大きさは $10 - 2 = 8$ m/s である。遠ざかる
　　相対速度の大きさは $3 + 5 = 8$ m/s である。

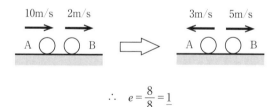

$$\therefore \quad e = \frac{8}{8} = \underline{1}$$

(c)　次の図より，近づく相対速度の大きさは $10 + 2 = 12$ m/s である。遠ざかる
　　相対速度の大きさは $3 + 3 = 6$ m/s である。

$$\therefore \quad e = \frac{6}{12} = \frac{1}{2}$$

(d) 次の図より，近づく相対速度の大きさは $10 + 2 = 12$ m/s である。遠ざかる
相対速度の大きさは $5 - 2 = 3$ m/s である。

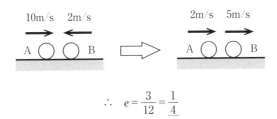

$$\therefore \quad e = \frac{3}{12} = \frac{1}{4}$$

(e) 文字で速さが与えられている場合も同様に扱える。数値を文字で置き換え
ているだけなので，近づく相対速度の大きさは $v_1 + v_2$ である。遠ざかる相対
速度の大きさは $v_3 + v_4$ である。

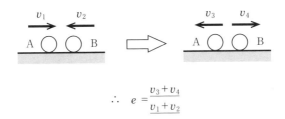

$$\therefore \quad e = \frac{v_3 + v_4}{v_1 + v_2}$$

A－18

解答　　□1□ － ①　　□2□ － ④　　□3□ － ③

解説

問1　衝突後の小球 B の速度を，右向きを正として，v とする。運動量保存則より，

$$2.4 \times 5.0 + 3.6 \times (-2.0) = 2.4 \times (-1.0) + 3.6 \times v$$

$$\therefore \quad v = 2.0 \text{ m/s}$$

すなわち，小球 B は右向きに速さ 2.0 m/s で進むことになる。

問2　反発係数の式より，

$$e = -\frac{(-1.0) - 2.0}{5.0 - (-2.0)} = \frac{3}{7} \fallingdotseq 0.43 = \underline{4.3 \times 10^{-1}}$$

B－19

解答　　1 －①　　2 －③

解説

問1　Pと水平面との間の摩擦力が無視できるので，P，Qの水平方向の運動量の和が一定に保たれる。また，PとQとの間の摩擦力が無視できるので，P，Qの力学的エネルギーの和が一定に保たれる。

問2　Pと水平面との間の摩擦力が無視できるので，P，Qの水平方向の運動量の和が一定に保たれる。また，PとQとの間の摩擦力が無視できないので，P，Qの力学的エネルギーの和は一定に保たれない。

B－20

解答　　1 －②　　2 －③

解説

問1　人が右に進むとき，台車は左に動くことになる。人と台車にはたらく水平方向の力を考えると，

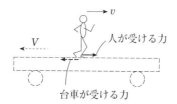

右向きを正とすると，運動量保存則より，

$$mv - MV = 0$$

問2　水平面に対する人の移動距離を ℓ とする。

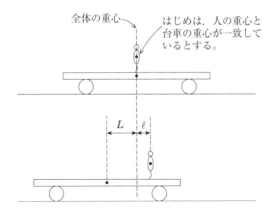

全体の重心

はじめは，人の重心と
台車の重心が一致して
いるとする。

L　ℓ

重心が静止しているので，

$$M : m = \ell : L \qquad \therefore \quad \ell = \frac{ML}{m}$$

A－21

解答　　1 －②　　2 －②　　3 －①

解説

問1　列車の加速度は右向きなので，慣性力は<u>左向き</u>である。慣性力の大きさは，
列車の加速度の大きさが $\alpha = 3\,\mathrm{m/s^2}$ なので，

$$m\alpha = 3 \times 3 = \underline{9\,\mathrm{N}}$$

問2　列車内の観測者から見て，
A は静止しており，力がつり
あっている。はたらく力は，
重力，慣性力，糸の張力であ
る。力を分解して，力のつり
あい式を立てる。糸と鉛直線
がなす角度を θ とすると，

　　　水平…$T\sin\theta = 9$

　　　鉛直…$T\cos\theta = 29.4$

2 式より，

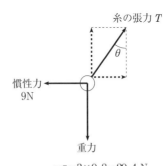

糸の張力 T

θ

慣性力
9N

重力

$mg = 3 \times 9.8 = 29.4\,\mathrm{N}$

$$T = \sqrt{9^2 + 29.4^2} \fallingdotseq \underline{31} \text{ N}$$

問3　Bにはたらく慣性力の大きさは，

$$M\alpha = 10 \times 3 = 30 \text{ N}$$

慣性力の向きは左向きである。列車内の観測者から見て，Bも静止しているので，力がつりあっている。この場合，慣性力につりあうのが静止摩擦力である。静止摩擦力は，右向きで大きさが30 Nである。

A－22

解答　　1 －①　　2 －②

解説

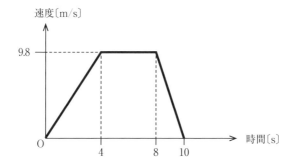

問1　時間が0sから4sの間において，エレベータの加速度の大きさaは，問題の図より，

$$a = \frac{9.8}{4} \text{ m/s}^2$$

慣性力の大きさをf〔N〕，重力の大きさをW〔N〕とし，その人の質量をm〔kg〕とすると，

$$f = ma = m \times \frac{9.8}{4}$$

$$W = m \times 9.8$$

したがって，

$$\frac{f}{W} = \underline{\frac{1}{4}} \text{倍}$$

問2　時間が0から4sの間において，エレベータは上向きに加速しているので，大きさ $m \times \dfrac{9.8}{4}$ N の慣性力は下向きにはたらく。

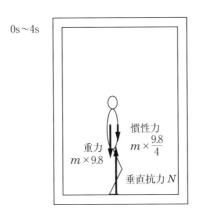

0s〜4s

慣性力 $m \times \dfrac{9.8}{4}$

重力 $m \times 9.8$

垂直抗力 N

したがって，人がエレベータの床から受ける垂直抗力の大きさ N 〔N〕は重力と慣性力の合力とつり合うので，

$$N = m \times 9.8 + m \times \dfrac{9.8}{4} = \dfrac{5}{4} \times 9.8\,m$$

4sから8sまでは加速度が0なので，慣性力ははたらかない。

$$N = m \times 9.8 = 9.8\,m$$

8sから10sまでは大きさ $\dfrac{9.8}{2}$ m/s^2 の減速の加速度，すなわち，加速度の向きが下向きなので，慣性力は上向きにはたらく。

8s〜10s

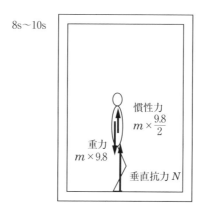

力のつりあいより,

$$N + m \times \frac{9.8}{2} = m \times 9.8 \qquad \therefore \quad N = \frac{2}{4} \times 9.8\,m$$

以上の結果より，グラフは次図のようになる。

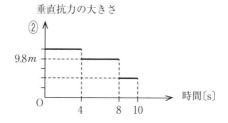

B－23

解答 　　　1 －④ 　　　2 －③

解説

問1　箱の中の観測者から見ると，小物体には大きさ $ma = mg\sin\theta$ の慣性力が斜面に沿って上向きにはたらく。

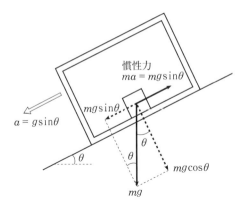

重力の成分 $mg \sin \theta$ は慣性力とつりあうので，小物体にはたらく重力と慣性力の合力は，斜面に垂直に $mg \cos \theta$ である。以上より，小物体は箱の内面から，静止摩擦力を受けていない。

問2 問1より，垂直抗力の大きさ N は次のようになる。

$$N = mg \cos \theta$$

B－24

[解答]　　1 －③　　2 －③

[解説]

慣性力の大きさは $\underset{1}{ma}$ である。

電車内から見るとき，物体には重力だけでなく，慣性力もはたらき続けているような運動に見えるので，図の合力の向きの一直線上を運動する。

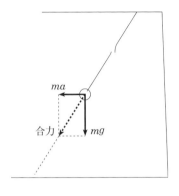

重力と慣性力の合力の大きさは $\sqrt{(ma)^2+(mg)^2}=m\sqrt{a^2+g^2}$ である。電車内から見た物体の加速度の大きさを b とすると，運動方程式より，

$$mb=m\sqrt{a^2+g^2} \qquad \therefore \quad b=\underline{\sqrt{a^2+g^2}}_2$$

A－25

解答　 $\boxed{1}$ －③　　 $\boxed{2}$ －③　　 $\boxed{3}$ －④　　 $\boxed{4}$ －①

解説

問1　円軌道1周の長さは $2\pi r$ で，その長さを速さ v で移動する時間が周期 T なので，

$$T=\underline{\frac{2\pi r}{v}}$$

問2　角速度 ω は単位時間あたりの回転角である。一回転の回転角は 2π（360°）で，その時間が周期 T なので，

$$\omega=\frac{2\pi}{T}=\underline{\frac{v}{r}}$$

公式 $v=r\omega$ を利用してもよい。

問3　物体の加速度（向心加速度）の大きさ a は $a=r\omega^2$ なので，

$$a=r\omega\cdot\omega=\underline{v\omega}$$

なお，$a=r\omega^2=\dfrac{v^2}{r}$ は完全に暗記しておかなければいけない。

問4　円運動の単位時間あたりの回転数 f は，

$$f=\frac{1}{T}=\frac{v}{2\pi r}-\underline{\frac{\omega}{2\pi}}$$

A－26

解答　 $\boxed{1}$ －⑤　　 $\boxed{2}$ －②

解説

問1　図1のように，静止した観測者から見るとき，小球にはたらく水平方向の力は糸の張力だけである。この糸の張力が向心力としてはたらいている。

問2　図2のように，小球とともに等速円運動する観測者から見るとき，小球にはたらく水平方向の力は糸の張力と慣性力である遠心力がはたらいている。また，この観測者から見て小球は静止しているのでこれらの力はつりあっている。すなわち，合力はゼロである。

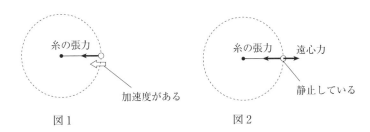

図1　　　　　　　　　　　　　図2

A－27

解答　　1 － ①　　　2 － ④　　　3 － ④

解説

問1　円軌道の1周の長さ $2\pi r$ を，速さ v で等速円運動するので，周期 T は，

$$T = \frac{2\pi r}{v}_1$$

角速度 ω は単位時間あたりの回転角である。1回転の回転角は 2π で周期が T なので，

$$\omega = \frac{2\pi}{T} = \frac{v}{r}_2$$

問2　小球 Q の力のつりあいより，糸の張力の大きさは Mg である。小球 P の加速度の大きさは $\dfrac{v^2}{r}$ である。小球 P の運動方程式より，

$$m \times \frac{v^2}{r} = Mg \qquad \therefore \quad v = \sqrt{\frac{Mgr}{m}}$$

A－28

解答　　$\boxed{1}$ －② 　　$\boxed{2}$ －② 　　$\boxed{3}$ －②

解説

問1　小球 A は，水平面内で等速円運動をしているので，鉛直方向には力のつりあい式，水平方向には向心加速度を用いた運動方程式が成り立つ。

鉛直方向…力のつりあい式

$S \cos \theta = mg$

円運動の半径 r は $r = \ell \sin \theta$ である。小球の速さを v とすると，

水平方向…運動方程式

$m \cdot \dfrac{v^2}{\ell \sin \theta} = S \sin \theta$

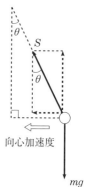

向心加速度

mg

問2　以上の2式より，糸の張力を消去すると，

$$v = \sin \theta \sqrt{\dfrac{g\ell}{\cos \theta}}$$

問3　周期 T は $T = \dfrac{2\pi r}{v}$ より，

$$T = \dfrac{2\pi\ell \sin \theta}{\sin \theta \sqrt{\dfrac{g\ell}{\cos \theta}}} = 2\pi\sqrt{\dfrac{\ell \cos \theta}{g}}$$

A－29

解答　　$\boxed{1}$ －② 　　$\boxed{2}$ －④ 　　$\boxed{3}$ －②

問1 Aが最下点を通過する速さをv_1とする。

力学的エネルギー保存則より，

$$mg \cdot (\ell - \ell \cos 60°) = \frac{1}{2}mv_1^2$$

$$\therefore \quad v_1 = \underline{\sqrt{g\ell}}$$

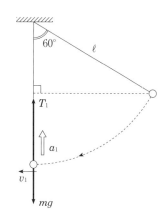

問2 Aは最下点で速さv_1，半径ℓの等速円運動をしている。円運動の加速度は中心を向くので，この位置での加速度の向きは鉛直上向きになる。その大きさa_1は，

$$a_1 = \frac{v_1^2}{\ell} = \underline{g}$$

問3 糸の張力の大きさをT_1として，運動方程式を立てる。

$$m \times a_1 = T_1 - mg \quad \therefore \quad T_1 = m(a_1 + g) = \underline{2\,mg}$$

B－30

$\boxed{1}$ －② $\boxed{2}$ －④

問1 求める初速をv_1とおく。点Bにおける質点の速さはゼロになるので，力学的エネルギー保存則より，

$$mgh + \frac{1}{2}mv_1^2 = mg \cdot 2h \qquad \therefore \quad v_1 = \underline{\sqrt{2gh}}$$

問2 点Aにおける質点の速さをv_2，質点が半円筒から受ける力の大きさをNとおく。点Aでの加速度は下向きに$\dfrac{v_2^2}{2h}$なので，運動方程式を立てると，

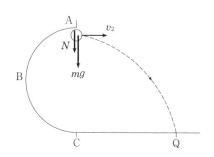

$$m \times \frac{v_2{}^2}{2h} = N + mg$$

この式より，v_2 の値が小さいとき N の値も小さくなる。問題文の〝かろうじて半円を離れることなく〟というのは，N の値が最小値ゼロの場合を示している。

$$N = 0 \text{ より，} \quad m \times \frac{v_2{}^2}{2h} = 0 + mg \quad \therefore \quad v_2 = \sqrt{2gh}$$

A－31

解答　　$\boxed{1}$ －①　　$\boxed{2}$ －③　　$\boxed{3}$ －④

解説

問1　単振動における周期と角振動数の関係より，

$$\omega = \frac{2\pi}{T}$$

問2　中心での速さと，振幅，角振動数の関係より，

$$v_0 = \underline{A\omega}$$

問3　加速度の最大値 a_0 と，振幅，角振動数の関係より，

$$a_0 = A\omega^2$$

$x > 0$ では加速度は負なので，

$$\underline{-A\omega^2}$$

B－32

解答　　$\boxed{1}$ －③　　$\boxed{2}$ －②　　$\boxed{3}$ －④

解説

問1　$t = 0$ で $x = A$ を満たすのは，選択肢の中で $\underline{x = A\cos\omega t}$ である。

問2　$t = 0$ で $v = 0$ を満たすのは，選択肢の中で $v = A\omega\sin\omega t$ と $v = -A\omega\sin\omega t$ である。この場合，$t = 0$ の微小時間後は $v < 0$ になるので，$\underline{v = -A\omega\sin\omega t}$ が正しい。

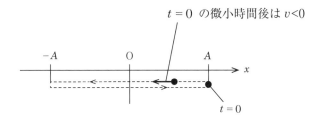

$t=0$ の微小時間後は $v<0$

問3　$t=0$ で $a=-A\omega^2$ であり，その条件を満たす式は選択肢の中で

　　$\underline{a=-A\omega^2\cos\omega t}$である。あるいは，加速度 a と位置 x の間には $a=-\omega^2x$ とい

　　う関係式があるので，それを利用すると，

$$a=-\omega^2\times A\cos\omega t=-A\omega^2\cos\omega t$$

A－33

解答　　| 1 | －③　　　| 2 | －②　　　| 3 | －②　　　| 4 | －④

解説

問1　ばねの弾性力の大きさは　$\underline{kd}_1$〔N〕　　　　弾性エネルギーは　$\underline{\dfrac{1}{2}kd^2}_2$〔J〕

問2　おもり P は周期 $T=2\pi\sqrt{\dfrac{m}{k}}$〔s〕の単振動をする。振幅は d〔m〕で，中心は

　　ばねの長さが自然長になる位置である。

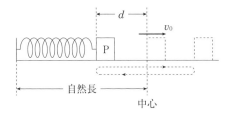

　　ばねの長さが最大になるのは，単振動の右端の位置なので，P が左端で動き

始めてから $\dfrac{1}{2}T$〔s〕後である。

$$\therefore \quad \frac{1}{2}T = \underline{\pi\sqrt{\frac{m}{k}}} \ \text{[s]}$$

問3　ばねの長さが自然長になるときの P の速さを v_0〔m/s〕とする。力学的エネルギー保存則より，

$$\frac{1}{2}kd^2 = \frac{1}{2}mv_0{}^2 \qquad \therefore \quad v_0 = \underline{d\sqrt{\frac{k}{m}}} \ \text{[m/s]}$$

A－34

解答　　□1□－②　　□2□－③　　□3□－①　　□4□－①

解説

おもりにはたらく力は，<u>重力</u>$_1$と<u>糸の張力</u>$_2$である。

水平方向の運動として考えると，鉛直方向には力がつりあう。

糸の張力の大きさを S，糸が鉛直線となす角を θ とする。

$$S\cos\theta = mg \qquad \therefore \quad S = \frac{mg}{\cos\theta}$$

糸の張力の水平成分が，おもりにはたらく力の合力 F に等しい。

図の右向きが正方向なので，合力 F は次のようになる。

$$F = -S\sin\theta = -mg\tan\theta$$

$\theta \doteqdot 0$ なので，$\tan\theta \doteqdot \sin\theta = \dfrac{x}{\ell}$ より，

$$F = -mg \times \frac{x}{\ell} = -\frac{mg}{\ell} \times x$$

これは，ばね定数 k が $k = \underline{\dfrac{mg}{\ell}}_3$ のばねと同じ復元力である。よって，周期 T は，

$$T = 2\pi\sqrt{\frac{m}{k}} = 2\pi\sqrt{\frac{m}{\dfrac{mg}{\ell}}} = \underline{2\pi\sqrt{\frac{\ell}{g}}}_4$$

B－35

解答　　□1□－③　　□2□－①

問　ばね定数を k，小球の質量を m とすると，周期は斜面の角度に関係なく，

$$T = 2\pi\sqrt{\frac{m}{k}}$$

したがって，周期のグラフは ③ ₁ である。

　振幅 A は，つりあい位置におけるばねの伸びに等しい。重力加速度の大きさを g とすると，

$$A = \frac{mg\sin\theta}{k}$$

したがって，振幅のグラフは ① ₂ である。

B−36

解答　　1 −④　　2 −②

解説

問1　x だけ深く沈めたことによる浮力の増加と外力の大きさが等しい。

$$F_x = \rho Sxg = \underline{\rho Sgx}$$

問2　対応するばね定数を k とすると，

$$kx = \rho Sgx \qquad \therefore\quad k = \rho Sg$$

棒の質量を m とする。はじめの状態の力のつりあいより，

$$mg = \rho S(L-d)g \qquad \therefore\quad m = \rho S(L-d)$$

周期 T は，ばね振り子の公式より，

$$T = 2\pi\sqrt{\frac{m}{k}} = 2\pi\sqrt{\frac{\rho S(L-d)}{\rho Sg}} = \underline{2\pi\sqrt{\frac{L-d}{g}}}$$

A−37

解答　　1 −②　　2 −②　　3 −①

問1　物体と地球の中心間距離が地球の半径に等しい。

$$\therefore \quad F = \frac{GmM}{R^2}$$

問2　重力 mg を与えるのが万有引力である。

$$mg = G\frac{mM}{R^2} \qquad \therefore \quad g = \frac{GM}{R^2}$$

　　　正確には，万有引力と地球の自転による遠心力の合力が重力である。この問題では，地球の自転を無視しているので，遠心力は考えなくてよい。

問3　地表から高さ R の位置での重力加速度の大きさを g' とすると，

$$mg' = G\frac{mM}{(2R)^2} \qquad \therefore \quad g' = \frac{GM}{4R^2}$$

これより，

$$\frac{g'}{g} = \frac{1}{4}$$

B－38

解答　　1 －②　　　2 －②　　　3 －④

解説

問1　この人工衛星の向心加速度の大きさを a とする。運動方程式より，

$$ma = G\frac{mM}{r^2} \qquad \therefore \quad a = G\frac{M}{r^2}$$

問2　この人工衛星の速さを v とする。向心加速度の式より，

$$a = G\frac{M}{r^2} = \frac{v^2}{r} \qquad \therefore \quad v = \sqrt{\frac{GM}{r}}$$

問3　この人工衛星の周期 T は，

$$T = \frac{2\pi r}{v} = 2\pi r\sqrt{\frac{r}{GM}}$$

B－39

解説

　赤道上では，地球の自転による遠心力を鉛直上向きに受けるが，極地では遠心力を受けない。したがって，極地で測定する方が物体の重さが大きく$_1$測定される。

　地球の回転周期 T は，

$$T = 60 \times 60 \times 24\,\mathrm{s}$$

したがって，角速度 ω は，

$$\omega = \frac{2\pi}{T} = \frac{2 \times 3.14}{60 \times 60 \times 24} \fallingdotseq \underline{7.3}_2 \times 10^{-5}\,\mathrm{rad/s}$$

遠心力の大きさは，質量×半径×(角速度)^2 なので，

$$10 \times (6.4 \times 10^6) \times (7.3 \times 10^{-5})^2 \fallingdotseq \underline{0.3}_3\,\mathrm{N}$$

到達点の高さ h は，

$$0 - v_0^2 = 2(-g)h \quad \therefore \quad h = \frac{v_0^2}{2g}{}_4$$

　実際は，高度が上がるにつれ万有引力が小さくなり，加速度の大きさが小さくなるので，到達点の高さは $\dfrac{v_0^2}{2g}$ より大きく$_5$なる。

B－40

解答　　$\boxed{1}$－④　　$\boxed{2}$－②

解説

問1　はじめの位置エネルギーは $-G\dfrac{mM}{2R}$ で，地表での位置エネルギーは

$-G\dfrac{mM}{R}$ である。よって，力学的エネルギー保存則は，

$$-G\frac{mM}{2R} = \frac{1}{2}mv^2 - G\frac{mM}{R}$$

問2　地表から投げ出される小物体の速さを v とする。小物体が達する最高点の，

地球の中心からの距離をxとする。力学的エネルギー保存則より,

$$\frac{1}{2}mv^2 - \frac{GmM}{R} = -\frac{GmM}{x}$$

この式において,$x = \infty$になるときのvの値が小物体が地球に戻ってこないための最小値である。

$$\frac{1}{2}mv^2 - \frac{GmM}{R} = 0 \qquad \therefore \quad v = \sqrt{\frac{2GM}{R}}$$

B－41

解答　　1 － ④　　　2 － ②

解説

点Bにおける面積速度は,

$$\frac{1}{2} \times 3r \times v_{\mathrm{B}} = \underline{\frac{3}{2}rv_{\mathrm{B}}}_1$$

力学的エネルギー保存則は,

$$\underline{\frac{1}{2}mv_{\mathrm{A}}{}^2 - G\frac{mM}{r} = \frac{1}{2}mv_{\mathrm{B}}{}^2 - G\frac{mM}{3r}}_2$$

第2章　気体と熱

A－42

解答 　$\boxed{1}$ －① 　$\boxed{2}$ －② 　$\boxed{3}$ －④

解説

問1　気体の圧力は，ピストンにはたらく力がつりあうだけの大きさになる。

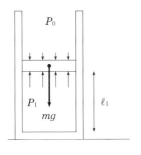 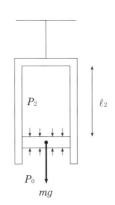

力のつりあいより，

$$P_0 S + mg = P_1 S \qquad\qquad P_2 S + mg = P_0 S$$

$$\therefore\ P_1 = P_0 + \frac{mg}{S}\underset{1}{} \qquad\qquad \therefore\ P_2 = P_0 - \frac{mg}{S}\underset{2}{}$$

問2　気体の温度を T とする。ボイル・シャルルの法則より，

$$\frac{P_1 \cdot \ell_1 S}{T} = \frac{P_2 \cdot \ell_2 S}{T} \qquad\qquad \therefore\ \frac{\ell_1}{\ell_2} = \frac{P_2}{P_1}$$

A－43

解答 　$\boxed{1}$, $\boxed{2}$ －①，⑤ 　$\boxed{3}$ －⑤ 　$\boxed{4}$ －③

解説

問1　気体の圧力を P，体積を V，絶対温度を T とする。ボイル・シャルルの法則より，

$$\frac{PV}{T} = 一定$$

① : 体積 V を一定に保つと，$\frac{P}{T}$ = 一定となり，温度を大きくすると，圧力 P が

大きくなる。よって，①は正しい。

② : 温度 T を一定に保つと，PV = 一定となり，体積を大きくすると，圧力 P が

小さくなる。よって，②は誤り。

③ : 体積を 3 倍にし，温度を 2 倍にすると，圧力 P' が，

$$\frac{PV}{T} = \frac{P' \times 3V}{2T} \qquad \therefore \quad P' = \frac{2}{3}P$$

と小さくなり，③は誤り。

④ : 体積と温度をともに 3 倍にすると，圧力 P' が，

$$\frac{PV}{T} = \frac{P' \times 3V}{3T} \qquad \therefore \quad P' = P$$

と変化しないので，④は誤り。

⑤ : 体積を 2 倍にし，温度を 3 倍にすると，圧力 P' が，

$$\frac{PV}{T} = \frac{P' \times 2V}{3T} \qquad \therefore \quad P' = \frac{3}{2}P$$

と大きくなり，⑤は正しい。

問2 気体の状態方程式 $PV = nRT$ より，

$$n = \frac{PV}{RT} = \frac{(2.0 \times 10^4) \times 0.83}{8.3 \times (4.0 \times 10^2)} = \underline{5.0}_3 \, \text{mol}$$

1 mol あたりの分子数がアボガドロ定数 N_A なので，分子数 N は，

$$N = nN_A = 5.0 \times (6.0 \times 10^{23}) = \underline{3.0}_4 \times 10^{24} \, \text{個}$$

A－44

解答　　1 －④　　2 －①

解説

問1　状態 B と状態 C の温度を T_B，状態 C の体積を V_C とする。ボイル・シャルルの法則より，

$$\frac{PV}{T} = \frac{3PV}{T_B} = \frac{P \cdot V_C}{T_B} \qquad \therefore \quad T_B = 3T \qquad V_C = \underline{3V}$$

問2　圧力 – 体積グラフは次のようになる。
なお，BからCの変化は温度が一定なので，圧力と体積の積が一定になり，反比例のグラフ（双曲線）になり，直線ではない。

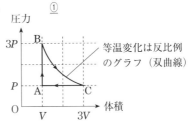

A － 45

解説

問1　問題で与えられた公式と状態方程式から，P，V，n を消去する。

$$PV = \frac{nN_A m\overline{v^2}}{3} = nRT \qquad \therefore \quad \frac{1}{2}m\overline{v^2} = \underline{\frac{3RT}{2N_A}} \text{〔J〕}$$

問2　分子の総数は nN_A 個なので，内部エネルギー U〔J〕は次のようになる。

$$U = nN_A \times \frac{1}{2}m\overline{v^2} = nN_A \times \frac{3RT}{2N_A} = \frac{3}{2}nRT$$

状態方程式 $PV = nRT$ より，

$$U = \underline{\frac{3}{2}PV} \text{〔J〕}$$

B － 46

解説

初めの状態方程式より，

$$\text{容器A：} \quad PV = n_A RT \qquad \therefore \quad n_A = \frac{PV}{RT}$$

$$容器B：\quad 3P \cdot 2V = n_B R \cdot 2T \qquad \therefore \quad n_B = \frac{3PV}{RT}_2$$

物質量の和を n とする。混合後の状態方程式は，

$$P' \cdot 3V = nRT' \qquad \therefore \quad n = \frac{3P'V}{RT'}_3$$

物質量の合計は変化しないので，$n_A + n_B = n$ より，

$$\frac{PV}{RT} + \frac{3PV}{RT} = \frac{3P'V}{RT'} \qquad \therefore \quad P' = \frac{4P}{3T}_4 \times T'$$

物質量の和は，<u>どんな理想気体の混合でも変化しない</u>5。

A −47

解答　　$\boxed{1}$ −③　　$\boxed{2}$ −③

解説

問1　気体が正の仕事をされるとき，気体の体積 は減少する。よって，<u>③</u>が正解である。

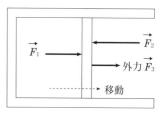

　　なお，①については，正の仕事をされると いった誤解が多いので，少し詳しく示す。ピ ストンにはたらく力は，気体の圧力による力 $\vec{F_1}$ と大気圧による力 $\vec{F_2}$，それに外力 $\vec{F_3}$ で

ある。これらの力のうち，力の向きと移動方向が同一で，する仕事が正になる のは $\vec{F_1}$ と $\vec{F_3}$ である。$\vec{F_2}$ がする仕事は負になる。すなわち，正の仕事をした のは外力（$\vec{F_3}$）と気体（$\vec{F_1}$）であり，負の仕事をしたのは大気（$\vec{F_2}$）である。 気体と外力が仕事をし，仕事をされたのが大気ということになる。

問2　気体の圧力が一定のとき，仕事は次のように表される。

$$（気体がする仕事）= P \cdot \varDelta V \cdots 正解③$$
$$（気体がされる仕事）= -P \cdot \varDelta V$$

A－48

解答　$\boxed{1}$ － ③

解説

$U = \dfrac{3}{2} nRT$ より，

$$\Delta U = \frac{3}{2} nR(T+1) - \frac{3}{2} nRT = \frac{3}{2} nR \ \text{〔J〕}$$

圧力や体積にかかわらずに，$\Delta U = \dfrac{3}{2} nR$ なので，③が正解である。

A－49

解答　$\boxed{1}$ － ⑦　　$\boxed{2}$ － ③　　$\boxed{3}$ － ⑦　　$\boxed{4}$ － ③
　　　　$\boxed{5}$ － ③

解説

　過程Ⅰ，Ⅱ，Ⅲにおいて，気体の内部エネルギーの変化をΔU_1，ΔU_2，ΔU_3，気体が吸収した熱量をQ_1，Q_2，Q_3，気体がした仕事を$W_1{}'$，$W_2{}'$，$W_3{}'$とする。

問1　過程Ⅰにおいては，温度が一定なので，$\Delta U_1 = \underline{0}_1$である。また，$Q_1 = 32$ J なので，熱力学第1法則より，

$$\Delta U_1 = Q_1 - W_1{}' \qquad 0 = 32 - W_1{}' \qquad \therefore \quad W_1{}' = \underline{32}_2 \text{ J}$$

　すなわち，気体が仕事をして失う 32 J のエネルギーと等量の熱を吸収し，差し引きゼロとなって，内部エネルギーが一定に保たれる過程ということである。

問2　過程Ⅱは，体積が一定（定積変化）なので，$W_2{}' = \underline{0}_3$である。
　また，$\Delta U_2 = -20$ J なので，熱力学第1法則より，

$$\Delta U_2 = Q_2 - W_2{}' \qquad -20 = Q_2 - 0 \qquad \therefore \quad Q_2 = -20 \text{ J}$$

　すなわち，$\underline{20}_4$ J の熱を放出し，その分だけ内部エネルギーが減少する過程ということである。

問3　$W_3{}' = -20$ J なので，熱力学第1法則より，

$$\Delta U_3 = Q_3 - W_3{}' = 0 + 20$$

$$\therefore \quad \Delta U_3 = \underline{20}_5 \text{ J}$$

した仕事が −20 J ということは，20 J の仕事をされたということである。この過程IIIでは，気体が仕事をされて得る 20 J のエネルギーの分だけ内部エネルギーが増加する。

B−50

解答　　1 −②　　2 −③　　3 −②

解説

問1　等温変化において，内部エネルギーは変化しない。気体が吸収した熱量 Q_1 は，熱力学第1法則より，

$$Q_1 = \underline{W'}$$

問2　はじめの温度を T_A，断熱変化後の温度を T_B とする。状態方程式より，

$$はじめ \qquad P_A V_A = R T_A$$

$$変化後 \qquad P_B V_B = R T_B$$

内部エネルギーの変化（増加を正）ΔU_2 は，

$$\Delta U_2 = \frac{3}{2} R T_B - \frac{3}{2} R T_A = \underline{\frac{3}{2} (P_B V_B - P_A V_A)}_2$$

気体がした仕事 W_2' は，熱力学第1法則より，

$$W_2' = -\Delta U_2 \qquad \therefore \quad W_2' = -\frac{3}{2}(P_B V_B - P_A V_A) = \underline{\frac{3}{2}(P_A V_A - P_B V_B)}_3$$

B−51

解答　　1 −④　　2 −①　　3 −②

解説

熱力学第1法則は熱と仕事を含む $\underline{エネルギー保存則}_1$ である。気体が放出する熱量が Q とすると，熱力学第1法則より，

$$\Delta U = Q - W \qquad \therefore \quad \underline{Q = \Delta U + W}_2$$

熱力学第2法則は，「熱は高温物体から低温物体にしか伝わらない」など，いろいろな表現を用いて表される。熱機関に関しては，$\underline{熱機関の熱効率は1より小さくなる}_3$ ことを示している。

B－52

解説

問1　ピストンが固定されているので，気体は定積変化をする。単原子分子からな
る気体の定積モル比熱は $\frac{3}{2}R$ なので，

$$Q_1 = \frac{3}{2}R \times n \times \Delta T = \frac{3}{2}nR\Delta T$$

なお，この変化において気体がした仕事を W_1，内部エネルギーの変化を
ΔU_1 とすると，

$$W_1 = 0 \qquad \Delta U_1 = Q_1$$

問2　ピストンが自由に動けるので，気体は定圧変化をする。単原子分子からなる
気体の定圧モル比熱は $\frac{5}{2}R$ なので，

$$Q_2 = \frac{5}{2}R \times n \times \Delta T = \frac{5}{2}nR\Delta T \qquad \therefore \quad Q_2 - Q_1 = \underline{nR\Delta T}$$

また，内部エネルギーの変化を ΔU_2 とすると，温度変化が**問1**と同じなので，

$$\Delta U_2 = \Delta U_1 = Q_1$$

気体がした仕事を W_2 とすると，熱力学第1法則より，

$$Q_2 = W_2 + \Delta U_2 = W_2 + Q_1 \qquad \therefore \quad Q_2 - Q_1 = W_2$$

すなわち，$Q_2 - Q_1$ は**問2**における気体がした仕事に等しい。

B－53

解説

問1　A → B → C → D → A の1サイクルを考える。はじめの状態に戻るので，1
サイクルの間の内部エネルギーの変化 ΔU は0である。

$$\Delta U = 0$$

1サイクルの間に，気体が差し引きした仕事 W は圧力－体積グラフの面積に
等しくなる。

$$W = (P_2 - P_1)(V_2 - V_1)$$

1サイクルの間について，熱力学第1法則をあてはめると，

$$Q_1 + Q_2 - Q = \Delta U + W = (P_2 - P_1)(V_2 - V_1)$$

$$\therefore \quad Q = \underline{Q_1 + Q_2 - (P_2 - P_1)(V_2 - V_1)}$$

問2 熱効率 e は，気体が差し引きした仕事 W を気体が吸収した熱量 $Q_1 + Q_2$ で割った値である。

$$e = \frac{W}{Q_1 + Q_2} = \frac{(P_2 - P_1)(V_2 - V_1)}{Q_1 + Q_2} = \underline{\frac{Q_1 + Q_2 - Q}{Q_1 + Q_2}}$$

第3章　波動

A−54

解答　　1 −②　　2 −①　　3 −①

解説

問1　問題の図より波長 λ は $\lambda = 4\,\mathrm{m}$，速さ v は $v = 8\,\mathrm{m/s}$ なので，振動数 f は，

$$f = \frac{v}{\lambda} = \frac{8}{4} = \underline{2}\,\mathrm{Hz}$$

問2　周期 T は，$T = \dfrac{1}{f} = 0.5\mathrm{s}$ である。$t = 3\mathrm{s} = 6T$ となるので，$t = 3\mathrm{s}$ の波形は $t = 0$ の波形と同じである。また，$x = 11\mathrm{m} = 3 + 2\lambda$ となるので，$x = 11\mathrm{m}$ の変位は，$x = 3\mathrm{m}$ の変位と同じである。

以上より，$t = 3\mathrm{s}$，$x = 11\mathrm{m}$ の変位は，$t = 0\mathrm{s}$，$x = 3\mathrm{m}$ の変位と同じなので，

$$y = \underline{-4}\,\mathrm{mm}$$

問3　時刻 $t = 0$ の波形(実線)と $t = \varDelta t$（$\varDelta t$ は微小時間）の波形(点線)を比較することによって，$t = 0\mathrm{s}$ の瞬間の媒質の変位が $y = 0\mathrm{mm}$ で，媒質が $-y$ 方向に運動している位置が $x = \underline{0}\mathrm{m}$ であることがわかる。

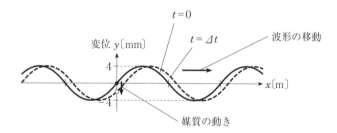

A－55

解答　　$\boxed{1}$ －① 　　$\boxed{2}$ －⑦

解説

周期は $T = 4$ s なので，振動数は，

$$f = \frac{1}{T} = \frac{1}{4} = \underline{0.25}_1 \text{ Hz}$$

波の速さは $v = 5$ m/s なので，波長は，

$$\lambda = vT = 5 \times 4 = \underline{20}_2 \text{ m}$$

B－56

解答　　$\boxed{1}$ －③ 　　$\boxed{2}$ －⑤

解説

　波が点 A から点 B に達する時間を t_0（周期に等しい）とする。壁に沿って波が伝わる速さを v' とすると，

$$AB = A'B \sin\theta$$

$$vt_0 = v't_0 \sin\theta \qquad \therefore \quad v' = \frac{v}{\sin\theta}_1$$

　また，波の周期 T は，波の周期と速さと波長の関係式より，

$$\lambda = vT \qquad \therefore \quad T = \frac{\lambda}{v}_2$$

A－57

解答　　$\boxed{1}$ －③ 　　$\boxed{2}$ －④ 　　$\boxed{3}$ －①

解説

問1　2 波源 A，B が同位相で振動する場合，2 波源からの距離の差が波長 $\left(\frac{1}{2}\ell\right)$ の整数倍になる点 P が二つの波が強めあう点である。

$$\underline{AP - BP = m \times \frac{1}{2}\ell \text{ となる点 P}}_1$$

2 波源 A，B が同位相で振動する場合，2 波源からの距離の差が波長の（整

数 $\pm\frac{1}{2}$）倍になる点 P が二つの波が弱めあう点である。

$$AP - BP = \left(m - \frac{1}{2}\right) \times \frac{1}{2}\ell \text{ となる点 P}_{\underline{2}}$$

問2 定常波の腹は，二つの波が強めあう点であり，節は弱めあう点である。
原点 O の場合，

$$AO - BO = \ell - \ell$$
$$= 0 = 0 \times \frac{1}{2}\ell \cdots \text{強めあう} \quad \underline{\text{腹}}_{3}$$

B－58

解答　　$\boxed{1}$ －①　　$\boxed{2}$ －④

解説

問1　波源 A，B が同位相で振動している
場合，A，B から等距離の点，すなわち，
A，B の垂直2等分線は波が強めあう
点である。線分 AB 間には定常波が生
じており，波が強めあう点（定常波の
腹）は半波長0.5λの間隔で並ぶ。
AB 間の中点から A までの距離は
1.6λである。以上の考察より，正解
は①である。

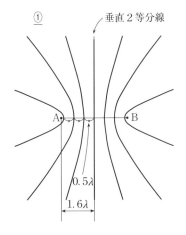

問2 波源 A，B が逆位相で振動している場合，A，B から等距離の点，すなわち，A，B の垂直2等分線は波が弱めあう点である。線分 AB 間には定常波が生じており，波が強めあう点（定常波の腹）は半波長0.5λの間隔で並ぶ。AB 間の中点から A までの距離は1.6λである。以上の考察より，正解は④である。

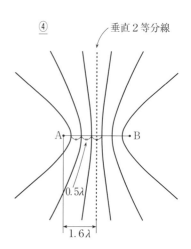

B－59

解答 | 1 |－③ | 2 |－③

解説

波が $x=0$ から $x=d$ まで伝わる時間は，

$$\frac{d}{v}_1$$

原点 O の変位は $y=A\sin 2\pi ft$ なので，$t=0$ のとき $y=0$ である。$x=d$ の変位は振動が $\dfrac{d}{v}$ だけ遅れるので，$t=\dfrac{d}{v}$ のとき $y=0$ になる。すなわち，$t=\dfrac{d}{v}$ を代入したときに $y=0$ になる式である。

$$y=A\sin 2\pi f\left(t-\frac{d}{v}\right)$$

波が $x=0$ から $x=\ell$ まで伝わる時間は，$\ell<0$ に注意して，

$$\frac{-\dfrac{\ell}{v}}{}_2$$

原点 O の変位は $y=A\sin 2\pi ft$ なので，$t=0$ のとき $y=0$ である。$x=\ell\,(\ell<0)$ の変位は振動が $-\dfrac{\ell}{v}$ だけ遅れるので，$t=-\dfrac{\ell}{v}$ のとき $y=0$ になる。すなわち，$t=-\dfrac{\ell}{v}$ を代入したときに $y=0$ になる式である。

$$y=A\sin 2\pi f\left(t+\frac{\ell}{v}\right) \qquad \therefore \quad y=A\sin 2\pi f\left\{t-\left(-\frac{\ell}{v}\right)\right\}$$

A－60

解答　　1 －①

解説

　図1，2のように，太い部分を伝わる波の速さは同じである。したがって，図1の場合は媒質Ⅱの方が波の速さ v が小さく，図2の場合は媒質Ⅱの方が波の速さ v が大きい。正解は，媒質Ⅱでは，波の速さが小さくなるから，図1のようになる。

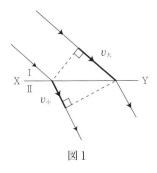

図1

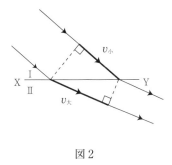

図2

A－61

解答　　1 －⑤　　2 －⑤

解説

問1　三角形 ABC に着目すると，

$$BC = AB \sin \theta_1$$

　　三角形 ADB に着目すると，

$$AD = AB \sin \theta_2$$

$$\therefore \quad \frac{BC}{AD} = \frac{AB \sin \theta_1}{AB \sin \theta_2}$$

$$\therefore \quad \frac{BC}{AD} = \frac{\sin \theta_1}{\sin \theta_2}$$

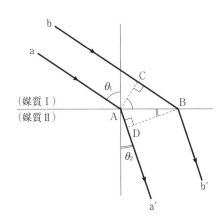

問2 射線 aa′ に沿って，A から D に速さ v_2 で波が伝わる間に，射線 bb′ に沿って，C から B に速さ v_1 で波が伝わる。この時間が等しいので，

$$\therefore \quad \frac{\text{AD}}{v_2} = \frac{\text{BC}}{v_1} \qquad \therefore \quad \frac{v_1}{v_2} = \frac{\text{BC}}{\text{AD}} = \underline{\frac{\sin \theta_1}{\sin \theta_2}}$$

A−62

解答　　$\boxed{1}$ − ①　　$\boxed{2}$ − ①　　$\boxed{3}$ − ②

解説

媒質 I に対する媒質 II の屈折率を n とおくと，境界 P での屈折に着目して，

$$n = \frac{\sin 30°}{\sin 45°} = \frac{\dfrac{1}{2}}{\dfrac{1}{\sqrt{2}}} = \underline{\frac{\sqrt{2}}{2}}_1$$

境界 Q での屈折に着目して，

$$n = \frac{\sin \theta}{\sin 45°} = \frac{\sqrt{2}}{2} \qquad \therefore \quad \sin \theta = \frac{1}{2}$$

すなわち，$\theta = \underline{30°}_2$ である。

臨界角を θ_{C} とおく。

$$n = \frac{\sqrt{2}}{2} = \frac{\sin \theta_{\text{C}}}{\sin 90°} \qquad \therefore \quad \sin \theta_{\text{C}} = \frac{\sqrt{2}}{2}$$

$$\therefore \quad \theta_{\text{C}} = \underline{45°}_3$$

B−63

解答　　$\boxed{1}$ − ④　　$\boxed{2}$ − ①

解説

問1 波源 O の境界に関して対象となる点を O′ とすると，反射波面の広がりは O′ を波源とする波の広がりになる。

― 46 ―

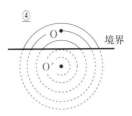

④

O•

O′•

境界

問 2 次図のように，媒質 C での波長を λ_C，速さを V_C とし，媒質 D での波長を λ_D，速さを V_D とする。

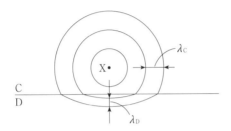

λ_C

X•

C

D

λ_D

振動数 f は屈折において変化しないので，

$$f = \frac{V_C}{\lambda_C} = \frac{V_D}{\lambda_D} \qquad \therefore \quad \frac{V_C}{V_D} = \frac{\lambda_C}{\lambda_D}$$

図より，$\lambda_C > \lambda_D$ なので，$V_C > V_D$ である。すなわち，速さは<u>媒質 C の方が大きい</u>。

A−64

解答　　 1 −③　　 2 −③　　 3 −②

解説

速さと振動数と波長の関係式より，

$$\lambda = \frac{V}{f} = \frac{340}{680} = \underline{0.5}_1 \text{ m}$$

相対速度の大きさ V' は，

$$V' = 340 - (-10) = \underline{350}_2 \text{ m/s}$$

速さと振動数と波長の関係式より，

$$f' = \frac{V'}{\lambda} = \frac{350}{0.5} = \underline{700}_3 \, \text{Hz}$$

B－65

解答　　1 － ①　　2 － ②　　3 － ④

解説

相対速度の大きさ V' は，

$$V' = 340 - 20 = \underline{320}_1 \, \text{m/s}$$

速さと振動数と波長の関係式より，

$$\lambda' = \frac{V'}{f} = \frac{320}{800} = \underline{0.4}_2 \, \text{m}$$

速さと振動数と波長の関係式より，

$$f' = \frac{V}{\lambda'} = \frac{340}{0.4} = \underline{850}_3 \, \text{Hz}$$

B－66

解答　　1 － ⑤　　2 － ⑥

解説

音源や観察者の運動方向が音源と観察者を結ぶ直線上にないときは，速度成分を用いる。

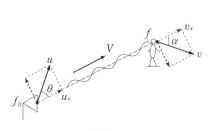

$$f = \frac{V - v_x}{V - u_x} f_0$$

ただし，u, $v \ll V$ で，音波が伝わる間に u_x, v_x, θ, α が変わらないとみなせる場合に限る。

音源の速度の，観察者から遠ざかる向きへの速度成分が最大のときに出た音が，

観察者が聞く最小の振動数になる。

$$\therefore \quad \text{点} \underline{E}_1$$

観察者に近づく向きへの速度成分が最大なので，点 C から出た音が，観察者が聞く最大の振動数になる。点 C から点 E までの移動時間は，円運動の周期の 4 分の 1 である。

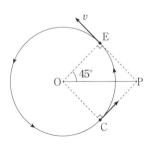

$$\therefore \quad \frac{2\pi r}{v} \times \frac{1}{4} = \underline{\frac{\pi r}{2v}}_2$$

B－67

解答　　$\boxed{1}$ －①　　$\boxed{2}$ －④

解説

建物の前で静止した観測者が聞く音の振動数をドップラー効果の公式を用いて求める。屋外なので，音速は V_1 を用いる。

$$\underline{\frac{V_1}{V_1 - v} f}_1$$

この音が建物の壁を透過し，それを速さ u で近づく人が聞くと考える。建物の壁（内壁）を振動数 $\dfrac{V_1}{V_1 - v} f$ の音源としてとらえ，ドップラー効果の公式を用いる。屋内なので，音速は V_2 を用いる。

$$\underline{\frac{V_2 + u}{V_2}}_2 \times \frac{V_1}{V_1 - v} f$$

B－68

解答　　$\boxed{1}$ －③　　$\boxed{2}$ －①　　$\boxed{3}$ －③

解説

問 1　波面 1 が出たのは，波面 1 の円の中心 c からである。

問 2　造波器 A は点 c で波面 1 を出し，図の瞬間は波面 4（図には描かれていない）を出す直前である。この間 3 個の波面を出している。A の振動数は 3 Hz なの

で，この間の時間経過は<u>1</u>秒である。

問3　問2の1秒の間に波面1は6目盛り，$6 \times 20 = 120$ cm 進んでいるから，

$$\therefore \quad \frac{120}{1} = \underline{120} \text{ cm/s}$$

A－69

解答　　　1 －①　　　2 －③　　　3 －②　　　4 －⑤

解説

　さまざまな方向に振動している光が集まったものが一般的な光である。それに対し，特定の方向に振動している光だけからなるものが偏光である。この現象は縦波では起こらない。したがって，偏光という現象は光が<u>横波</u>1であることを示している。

　シャボン玉が色づくのは，シャボン液の薄膜による光の<u>干渉</u>2によるものである。薄膜の厚さによって，特定の色（波長）の光が干渉して強めあうため色づいて見える。

　光の屈折率は色（波長）によってわずかに異なる。そのため，白色光が屈折するとき，波長（色）によって進路が分かれる。これが光の分散である。虹は，空中に浮かんだ水滴による光の分散による現象である。

　レンズは光の<u>屈折</u>3を利用しており，光ファイバーは光の<u>全反射</u>4を利用している。

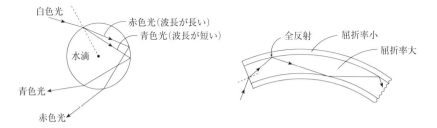

― 50 ―

A－70

解答　　$\boxed{1}$ － ②　　　$\boxed{2}$ － ④

解説

問1　臨界角を θ_C とすると，

$$1 \times \sin 90° = n \times \sin \theta_C \qquad \therefore \quad \sin \theta_C = \frac{1}{n}$$

全反射する条件は，

$$\theta \geqq \theta_C \qquad \therefore \quad \sin \theta \geqq \sin \theta_C = \frac{1}{n}$$

問2　円板の縁に入射する光の入射角が θ_C のときの円板の半径 r が最小値である。

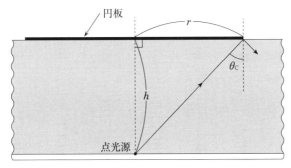

円板

点光源

この図より，

$$r = h \tan \theta_C = h \frac{\sin \theta_C}{\cos \theta_C} = h \frac{\dfrac{1}{n}}{\sqrt{1 - \dfrac{1}{n^2}}} = \frac{h}{\sqrt{n^2 - 1}}$$

B－71

解答　　$\boxed{1}$ － ④　　$\boxed{2}$ － ②

解説

問1　図のように，点 A，B，C をとる。

三角形 PBC に着目して，
$$BC = h' \tan \phi$$

三角形 ABC に着目して，
$$BC = h \tan \theta$$

2 式より，
$$h' \tan \phi = h \tan \theta$$
$$\therefore \quad h' = \frac{h \tan \theta}{\tan \phi}$$

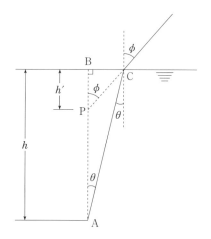

問2　近似式を用いると，
$$\tan \theta \fallingdotseq \theta \qquad \tan \phi \fallingdotseq \phi$$

したがって，
$$h' \fallingdotseq \frac{h \theta}{\phi}$$

屈折の法則より，
$$1 \times \sin \phi = n \times \sin \theta \qquad \therefore \quad \phi \fallingdotseq n \theta$$

h' の近似式は，
$$h' \fallingdotseq \frac{h \theta}{n \theta} = \frac{h}{n}$$

A －72

解答　　$\boxed{1}$ － ③　　$\boxed{2}$ － ④

解説

問1　凸レンズの光の進み方より，光軸と平行にレンズに入射する光は，レンズで屈折して，焦点 F′ を通る。

問2　レンズの公式において，$a = 30\,\mathrm{cm}$，$f = 10\,\mathrm{cm}$ であるから，

$$\frac{1}{30} + \frac{1}{b} = \frac{1}{10} \qquad \therefore \quad b = 15\,\text{cm}$$

すなわち，実像の位置は，レンズの右側で，レンズからの距離が 15 cm のところである。

A－73

解答 　 1 －④ 　 2 －①

解説

問1　レンズの公式において，$a = 15\,\text{cm}$，$f = 10\,\text{cm}$ であるから，

$$\frac{1}{15} - \frac{1}{b} = -\frac{1}{10} \qquad \therefore \quad \frac{1}{b} = \frac{1}{15} + \frac{1}{10} \qquad \therefore \quad b = 6\,\text{cm}$$

すなわち，虚像の位置はレンズの左，距離6 cm のところである。

問2　棒の長さを h とし，棒の虚像の長さを h' とする。レンズの公式より，

$$\frac{1}{a} - \frac{1}{b} = -\frac{1}{10} \qquad \frac{h'}{h} = \frac{b}{a}$$

2式より b を消去すると，

$$h' = \frac{10}{10+a} \cdot h$$

棒 AB をレンズに近づけると，a の値が小さくなるので，虚像の長さ h' は，長く（大きく）なる。

A－74

解答 　 1 －① 　 2 －④

解説

問1　凹面鏡では物体を拡大ァして見ることができ，凸面鏡では縮小ィして見ることができる。広い視野が得られるのは物体を縮小してみることのできる凸面鏡ゥである。

問2　光軸に平行に入射した光は反射後に焦点を通りェ，反対に，焦点を通って入射した光は反射後に光軸に平行に進むォ。

B −75

解答　　$\boxed{1}$ −③　　$\boxed{2}$ −①

解説

左端面での屈折角 ϕ と屈折の法則より,

$$n_0 = \frac{\sin\theta}{\sin\phi} \qquad \therefore \quad \sin\phi = \frac{\sin\theta}{n_0}$$

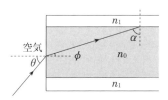

$\sin\alpha = \cos\phi$ より,

$$\sin\alpha = \sqrt{1 - \left(\frac{\sin\theta}{n_0}\right)^2} = \underline{\frac{\sqrt{n_0{}^2 - \sin^2\theta}}{n_0}}_1$$

次図のように,光が進んだみちのり(矢印の付いた折れ線)の長さと太い斜めの実線は同じ長さなので,それを ℓ とすると,

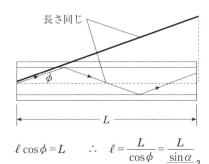

$$\ell\cos\phi = L \qquad \therefore \quad \ell = \frac{L}{\cos\phi} = \underline{\frac{L}{\sin\alpha}}_2$$

B −76

解答　　$\boxed{1}$ −①　　$\boxed{2}$ −①　　$\boxed{3}$ −①

解説

問1　順次,検討する。

①：虫めがねで見ているのは物体の虚像である。①は適当である。

②：人にとって，虚像が見やすいか，見にくいかの違いは生じるが，目と虫め
がねの距離はいくらであってもかまわない。②は誤りである。

③：虫めがねは凸レンズである。③は誤りである。

④：物体を拡大してみるためには，虫めがねと焦点の間に物体を置かなければ
いけない。④は誤りである。

問2 次図のように，凸レンズの場合も凹レンズの場合も，屈折率の差が小さくな
る（相対屈折率が1に近くなる）と，光線の曲がり具合も小さくなるので，焦
点距離が長くなる[2,3]。

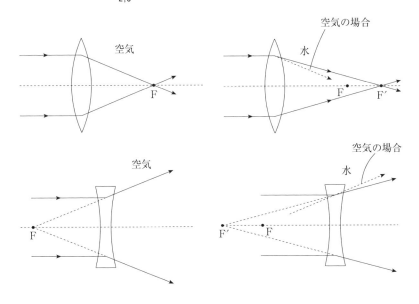

A−77

解答　$\boxed{1}$ −③　　$\boxed{2}$ −⑤　　$\boxed{3}$ −①　　$\boxed{4}$ −①

解説

　つい立てのうしろの部分に波が
まわり込む現象を<u>回折</u>$_1$という。
スリット A を通り回折した光と
スリット B を通り回折した光が
スクリーン上で重なり，<u>干渉</u>$_2$して，
強めあったり，弱めあったりする。

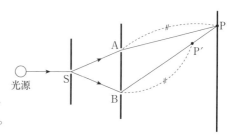

　光の干渉条件には，経路差とい
う考え方が用いられる。この問題においては $|\mathrm{BP}-\mathrm{AP}|$ が経路差で，

$$|\mathrm{BP}-\mathrm{AP}| = m\lambda$$

のとき，スリット A，B を通った光は点 P で強めあい，<u>明るく</u>$_3$なる。

　近似式 $|\mathrm{BP}-\mathrm{AP}| \fallingdotseq \dfrac{dx}{\ell}$ を用いると，明線の（強めあう）条件は，

$$\frac{dx}{\ell} = m\lambda$$

これより，明線の位置 x は次のようになる。

$$x = \frac{m\ell\lambda}{d}$$

明線の間隔 $\varDelta x$ は

$$\varDelta x = \frac{(m+1)\,\ell\lambda}{d} - \frac{m\ell\lambda}{d} = \underline{\frac{\ell\lambda}{d}}_4$$

A−78

解答　$\boxed{1}$ −③　　$\boxed{2}$ −③

解説

問1　強めあう条件 $d\sin\theta = n\lambda$ において，$n = 1$ のとき，$\theta = \theta_1$ である。

$$\sin\theta_1 = \frac{\lambda}{d} = \frac{500}{1700} \fallingdotseq \underline{0.294}_1$$

問2　白色光は，波長が一番長い赤色光から，波長が一番短い紫色光まで，すべて

の波長の光を含んでいる。$n = 0$ とすると

$$d \sin \theta = 0 \times \lambda \qquad \therefore \quad \theta = 0$$

すなわち，$\theta = 0$（中心）の方向は波長 λ の値によらず回折光が生じる。赤色光から紫色光まで，すべての波長の光が回折して重なるので，<u>中心の回折光は白色光になる。</u>

$n \neq 0$ のとき，

$$d \sin \theta = n\lambda \qquad \therefore \quad \sin \theta = \frac{n}{d}\lambda$$

すなわち，回折光の方向 θ は波長により異なる。赤色光から紫色光まで，回折される方向が波長により異なるので，<u>中央以外の回折光はスペクトルに分解される。</u>

A－79

解答
| 1 － ③ | 2 － ③ | 3 － ① | 4 － ① |

5 － ⑦

解説

問1　屈折率のより大きな媒質で反射されるとき，光の位相は π ずれる。

1 $< n$ なので，光線 a は反射するとき位相が <u>π</u>$_1$ ずれる。

$n < n_{\mathrm{G}}$ なので，光線 b は反射するとき位相が <u>π</u>$_2$ ずれる。

問2　入射する光の波長を λ とすると，薄膜中の波長は $\dfrac{\lambda}{n}$ である。薄膜の厚さを d，自然数を m とすると，光線 a と光線 b が弱めあう条件は，

$$2d = \left(m - \frac{1}{2}\right)\frac{\lambda}{n} \qquad \therefore \quad d = \left(m - \frac{1}{2}\right)\frac{\lambda}{2n}$$

$m = 1$ のとき，d は最小値 $d_{\min}$ になる。

$$d_{\min} = \left(1 - \frac{1}{2}\right)\frac{\lambda}{2n} = \frac{\lambda}{4n}$$

$$= \frac{6.0 \times 10^{-7}}{4 \times 1.4} \fallingdotseq \underline{1.1} \times 10^{-7}\,\mathrm{m}$$

B－80

解答 1 －② 2 －② 3 －④

解説

空気層の厚さを d, 自然数を ℓ とすると, 反射光が強めあう条件は,

$$2d = \left(\ell - \frac{1}{2}\right)\lambda \qquad \therefore \quad d = \left(\ell - \frac{1}{2}\right)\frac{\lambda}{2}$$

空気層の厚さの差 Δd は,

$$\Delta d = \left(\ell + 1 - \frac{1}{2}\right)\frac{\lambda}{2} - \left(\ell - \frac{1}{2}\right)\frac{\lambda}{2} = \underline{\frac{\lambda}{2}}_1$$

全体で m 本の明線が観測されたことより,

$$d \fallingdotseq m\Delta d = \frac{m\lambda}{2}$$

2枚のガラス板がなす角度を θ とすると,

$$\tan\theta = \frac{d}{L} = \underline{\frac{m\lambda}{2L}}_2$$

隣りあう明線の間隔を Δx とすると,

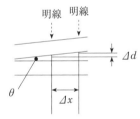

$$\tan\theta = \frac{\Delta d}{\Delta x} = \frac{d}{L} \qquad \therefore \quad \Delta x = \frac{L\Delta d}{d} = \frac{L\lambda}{2d}$$

すなわち Δx は波長に比例する。屈折率 n での波長は $\frac{\lambda}{n}$, すなわち $\frac{1}{n}$ 倍になるので, 隣りあう明線の間隔 Δx も $\underline{\frac{1}{n}}_3$ 倍になる。

— 58 —

B−81

解答　　$\boxed{1}$ −① 　 $\boxed{2}$ −③

解説

問1　図のように，隣りあう反射光の光路差は $d\sin\theta$ である。

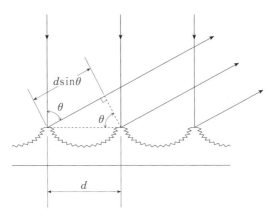

したがって，反射光が強めあう条件は，

$$d\sin\theta = n\lambda$$

問2　図のように，左右対称に反射光が生じる。

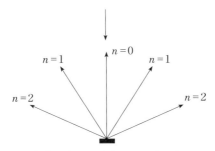

したがって，$n=2$ の条件を満たす角度 θ が $90°$ 以内であればよい。

$$d\sin\theta = 2\lambda$$

$$\sin\theta = \frac{2\lambda}{d} < 1 \qquad \therefore \quad \lambda < \frac{d}{2}$$

さらに，$n=3$ の条件を満たす角度 θ が存在しなければよい。

$$d \sin \theta = 3\lambda$$

$$\sin \theta = \frac{3\lambda}{d} > 1 \qquad \therefore \quad \lambda > \frac{d}{3}$$

以上より，

$$\frac{d}{3} < \lambda < \frac{d}{2}$$

第4章 電磁気

A－82

解答　　$\boxed{1}$ －②　　$\boxed{2}$ －①　　$\boxed{3}$ －②

解説

　はく検電器の金属板に正の帯電体を近づけると，金属板中の自由電子が帯電体に引きつけられ，金属板の表面は$\underset{1}{負}$に帯電する。このとき，帯電体から最も遠い位置にあるはくの部分は$\underset{3}{自由電子}$が不足し，$\underset{2}{正}$に帯電する。正に帯電した2枚のはくが互いに反発しあうため，はくは開く。

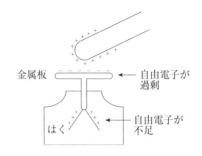

金属板　←　自由電子が過剰

←　自由電子が不足

はく

A－83

解答　　$\boxed{1}$ －②　　$\boxed{2}$ －①

解説

問1　クーロンの法則より，

$$f_1 = \frac{kQ \times Q}{d^2} = \frac{kQ^2}{d^2}$$

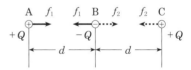

$$A \quad f_1 \quad\quad f_1 \ B \ f_2 \quad\quad f_2 \ C$$
$$+Q \quad\quad\quad -Q \quad\quad\quad +Q$$

問2　BとCの間の静電気力の大きさは，

$$f_2 = \frac{kQ \times Q}{d^2} = \frac{kQ^2}{d^2}$$

　Bは同じ大きさの力を逆向きに受けるので，合力の大きさは，

$$f_2 - f_1 = \underline{0}$$

A－84

解答　　$\boxed{1}$ －①　　$\boxed{2}$ －②　　$\boxed{3}$ －③　　$\boxed{4}$ －①

原点 O のプラス 1 C が A から受ける力の大きさは,

$$E_A = k\frac{q \times 1}{a^2} = \underline{\frac{kq}{a^2}}_1$$

B(2q) の図が右側にある。

B から受ける力の大きさは,

$$E_B = k\frac{2q \times 1}{a^2} = \underline{\frac{2kq}{a^2}}_2$$

これらは同じ向きなので, 合力の大きさは,

$$E = E_A + E_B = \underline{\frac{3kq}{a^2}}_3$$

向きは $\underline{+x\ \text{方向}}_4$ である。

B－85

1	― ③	2	― ①	3	― ④	4	― ①

電場の強さ E は, クーロンの法則より,

$$E = \underline{\frac{kQ}{r^2}}_1$$

半径 r の球面の表面積 S は,

$$S = 4\pi r^2$$

この球面全体を貫く電気力線の総本数を N とする。この球面の単位面積を貫く電気力線は $\frac{kQ}{r^2}(=E)$ 本なので,

$$N = \frac{kQ}{r^2} \times 4\pi r^2 = \underline{4\pi kQ}_2$$

問 1 中空の導体球の内面に負の電荷が現れ, 外面には正の電荷が現れる。導体内部の電場は 0 になる。電気力線の様子は次図のようになる。

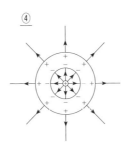

④

問2　導体球がない場合とある場合の電気力線の様子を比較する。導体球の中心から距離$3r$の点における電気力線の密度は同じである。したがって，電場の強さEも同じである。

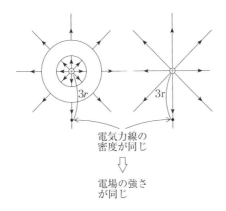

電気力線の
密度が同じ

⇩

電場の強さ
が同じ

したがって，電場の強さはクーロンの法則より，

$$E = \frac{kq}{(3r)^2} = \frac{kq}{9r^2}$$

A－86

解答　　 | 1 | － ④　　 | 2 | － ③　　 | 3 | － ①

解説

問1　電位差と電場の関係式より，

$$V_0 = \underline{Ed}$$

問2 BからAへの移動は，外力の向きと移動の向きが同じなので，外力の仕事 $W_{B \to A}$ は正である。

$$W_{B \to A} = qV_0 \quad _2$$

静電気力の向きと移動の向きが逆なので，静電気力の仕事 $W'_{B \to A}$ は負である。

$$W'_{B \to A} = \underline{-qV_0} \quad _3$$

A−87

解答　　| 1 |−④　　| 2 |−②

解説

問1 隣りあう等電位面の電位差を ΔV とし，等電位面の距離を Δd とする。等電位面間は強さ E の一様な電場であると仮定すると，

$$\Delta V = E \Delta d \qquad \therefore \quad E = \frac{\Delta V}{\Delta d}$$

本問では ΔV が一定（1ボルト）なので，Δd が小さいほど，電場 E が大きくなる。等電位面の間隔 Δd が一番小さいのは点Dなので，点Dの電場の強さが一番大きい。

問2 点Cの電位は点Aの電位より $2-(-3)=5$ ボルトだけ高い。したがって，1クーロンの電荷を点Aから点Cに移動させるのに必要な仕事は5ジュールである。移動させる電荷は4クーロンなので，必要な仕事 W は，

$$W = 4 \times 5 = \underline{20} \text{ ジュール}$$

B−88

解答　　| 1 |−④　　| 2 |−①

解説

$x = 2a$ での電位は，

$$V_2 = \frac{kQ}{2a} \quad _1$$

力学的エネルギー保存則は，

$$qV_1 = \frac{1}{2}mv^2 + qV_2$$

$$\frac{kQq}{a} = \frac{1}{2}mv^2 + \frac{kQq}{2a} \qquad \therefore \quad v = \sqrt{\frac{kQq}{ma}}_2$$

A－89

解答　　1 －④　　　2 －②

解説

問1　コンデンサーの公式 $Q = CV$ を用いる。この公式において，電気容量に μF の単位を用いる場合，電気量の単位は μC になる。

$$Q = 100\,\mu\mathrm{F} \times 100\,\mathrm{V} = \underline{1.0 \times 10^4}\,\mu\mathrm{C}$$

問2　十分に時間がたつと，コンデンサーに蓄えられている電気量は，問題の図1 と同じ $1.0 \times 10^4\,\mu$C になる。

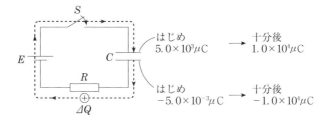

したがって，通過電気量 $\varDelta Q$ は，

$$\varDelta Q = 1.0 \times 10^4 - 5.0 \times 10^3 = \underline{5.0 \times 10^3}\,\mu\mathrm{C}$$

A－90

解答　　1 －③　　　2 －③　　　3 －①

解説

問1　並列接続の合成容量の公式より，

$$C = 20 + 30 = \underline{50}\,\mu\mathrm{F}$$

問2　Rを通過した電気量がコンデンサーに蓄えられるので，
$$Q = C \times 50 = \underline{2500} \; \mu\text{C}$$

問3　並列接続なので2個のコンデンサーの電圧は等しい。この場合は電池の電圧に等しくなっている。
$$Q_1 = 20 \times 50 \qquad Q_2 = 30 \times 50 \qquad \therefore \quad Q_1 : Q_2 = \underline{2 : 3}$$

A－91
 | 1 |－①　　| 2 |－②　　| 3 |－③　　| 4 |－②

解説

問1　直列接続の合成容量の公式より，
$$\frac{1}{C} = \frac{1}{20} + \frac{1}{30} \qquad \therefore \quad C = \underline{12} \; \mu\text{F}$$

問2　点 a を通過する電気量は点 b や点 c，あるいは抵抗 R を通過する電気量に等しい。
$$Q = C \times 50 = \underline{600} \; \mu\text{C}$$

問3　それぞれのコンデンサーについて
$$C_1 \cdots 600 = 20 \times V_1 \qquad \therefore \quad V_1 = \underline{30}_3 \; \text{V}$$
$$C_2 \cdots 600 = 30 \times V_2 \qquad \therefore \quad V_2 = \underline{20}_4 \; \text{V}$$

B－92
解答　| 1 |－②　　| 2 |－⑤　　| 3 |－④

解説

問1　電場の強さ E と電位差 V および極板間隔 d の関係式は，
$$V = Ed \qquad \therefore \quad E = \frac{V}{d} = \frac{300}{0.2 \times 10^{-3}} = \underline{1.5 \times 10^6} \; \text{V/m}$$

問2　S を閉じて十分に時間がたつと，電荷の移動がなくなり，コンデンサー C の電位差は，電池の電位差 $V = 300$ V に等しくなる。（抵抗 R での電位差は 0 ）

$$Q = CV = (4 \times 10^{-11}) \times 300 = 12 \times 10^{-9} \ \text{クーロン}$$

電池が回路に供給するエネルギー（電池のする仕事）W_E は,

$$W_\text{E} = QV = (12 \times 10^{-9}) \times 300 = \underline{36}_2 \times 10^{-7} \ \text{J}$$

コンデンサーに蓄えられる静電エネルギー U は,

$$U = \frac{1}{2} CV^2 = \frac{1}{2} \times (4 \times 10^{-11}) \times 300^2 = 18 \times 10^{-7} \ \text{J}$$

エネルギー保存則より，抵抗で発生するジュール熱 W_R は W_E と静電エネルギー U との差に等しい。

$$W_\text{R} = W_\text{E} - U = 36 \times 10^{-7} - 18 \times 10^{-7} = \underline{18}_3 \times 10^{-7} \ \text{J}$$

B－93

解答　$\boxed{1}$ －②　　$\boxed{2}$ －②　　$\boxed{3}$ －③　　$\boxed{4}$ －②

　　　$\boxed{5}$ －③　　$\boxed{6}$ －④

解説

問 1　電気容量は極板間隔に反比例する。極板間隔を 2 倍にすると，電気容量は $\dfrac{1}{2}$ 倍になる。

$$C' = \frac{1}{2} C = \frac{1}{2} \times 10 = \underline{5}_1 \ \mu\text{F}$$

電池を接続したままなので，10 V の電位差になる。蓄えている電気量 Q' は,

$$Q' = C'V = 5 \times 10 = \underline{50}_2 \ \mu\text{C}$$

前述の通り，電池を接続したままなので，$\underline{10}_3$ V の電位差になる。

問 2　電池の接続を切る，切らないは電気容量とは無関係であるから，**問 1** の電気容量と同じ C' である。

$$C' = \underline{5}_4 \ \mu\text{F}$$

電池の接続を切るので，コンデンサーが蓄えている電気量ははじめの状態の電気量 Q のまま変化しない。

$$Q = CV = 10 \times 10 = \underline{100}_5 \ \mu\text{C}$$

コンデンサーの電位差 V' は,

$$V' = \frac{Q}{C'} = \frac{100}{5} = \underline{20}_{6}\ \text{V}$$

B−94

解答　　$\boxed{1}$−②

解説

問　金属板Cは静電誘導によって左面に +*Q*，右面に −*Q* が現れる。また，電場はAC間とCB間にのみ生じ，Cの内部の電場は0になる。AC間とCB間の電場は一様と考えられるので，AC間とCB間の電位のグラフは一定の傾きになる。Cの内部は電場が0なので，電位のグラフの傾きは0になる。

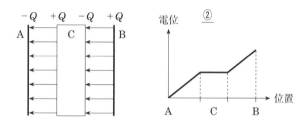

　　なお，Cの内部の電場は0であるが，Cの電位そのものが0ではない。Cの電位はAC間の電位差と等しく，C内の各点間の電位差が0になる。

B−95

解答　　$\boxed{1}$−⑥　　　$\boxed{2}$−③　　　$\boxed{3}$−⑦　　　$\boxed{4}$−①

点 D が電位の基準なので，点 E と点 A の電位は同じで $\underline{2\,V}_1$，十分に時間がたてば，点 C の電位も点 B の電位も $\underline{\quad V}_2$ になる。コンデンサーの両端の電位差 V_{AB} は，

$$V_{AB} = 2\,V - (-V) = \underline{3\,V}_3$$

コンデンサーが蓄えている電気量 Q は，

$$Q = CV_{AB} = 3\,CV$$

左の極板が $+3\,CV$ で，右の極板が $\underline{-3\,CV}_4$ に帯電する。

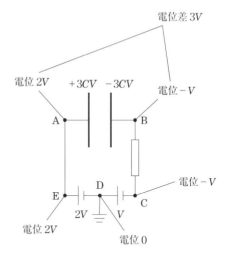

電位差 $3V$

電位 $2V$　$+3CV$　$-3CV$　電位 $-V$

A　　　　　　B

電位 $-V$

E　　　D　　　C
　　$2V$　V

電位 $2V$　　　電位 0

B－96

解答　　$\boxed{1}$ －①

解説

問　はじめの状態における合成容量 C は，

$$\frac{1}{C} = \frac{1}{30} + \frac{1}{30}$$

$$\therefore \quad C = 15\,\mu\mathrm{F}$$

このときコンデンサーが蓄えている電気量 Q は，

$$Q = CV = 15 \times 20 = 300\,\mu\mathrm{C}$$

C_1 に誘電体を挿入した状態における合成容量 C' は，

$$\frac{1}{C'} = \frac{1}{3 \times 30} + \frac{1}{30}$$

$$\therefore \quad C' = 22.5\,\mu\mathrm{F}$$

このときコンデンサーが蓄えている電気量 Q' は，

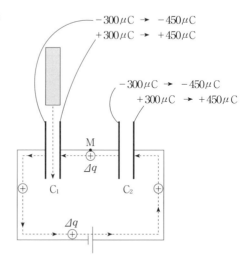

$-300\,\mu\mathrm{C}$　→　$-450\,\mu\mathrm{C}$
$+300\,\mu\mathrm{C}$　→　$+450\,\mu\mathrm{C}$

$-300\,\mu\mathrm{C}$　→　$-450\,\mu\mathrm{C}$
$+300\,\mu\mathrm{C}$　→　$+450\,\mu\mathrm{C}$

M

Δq

C_1　　　C_2

Δq

$$Q' = C'V = 22.5 \times 20 = 450 \, \mu C$$

したがって，移動する電気量 Δq は，

$$\Delta q = 450 - 300 = \underline{150} \, \mu C$$

A－97

解答　　$\boxed{1}$ － ①　　$\boxed{2}$ － ①　　$\boxed{3}$ － ①

解説

AB 間の抵抗の体積は，

$$AB間の体積 = S \times 距離AB = Sv\Delta t$$

AB 間の自由電子の個数 N は，

$$N = n \times AB間の体積 = \underline{vSn\Delta t}_1$$

断面 A を通過する電気量の絶対値を ΔQ とする。

$$\Delta Q = eN = \underline{vSne\Delta t}_2$$

電流の強さ I は，

$$I = \frac{\Delta Q}{\Delta t} = \underline{vSne}_3$$

A－98

解答　　$\boxed{1}$, $\boxed{2}$, $\boxed{3}$ － ④⑤⑥ （順不問）　　　$\boxed{4}$ － ①

解説

問1　回路各部に点 a, b, c, d, e, f, g, h,
　　i をとる。

　分岐点 b について，キルヒホッフの第1法則
より，

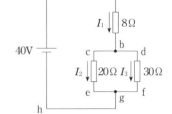

$$\underline{I_1 - I_2 - I_3 - 0}$$

閉回路 abceghi について，キルヒホッフの第2法則より，

$$\underline{8I_1 + 20I_2 = 40}$$

閉回路 abdfghi について，キルヒホッフの第2法則より，

$$\underline{8I_1 + 30I_3 = 40}$$

問2 エネルギー保存則より，各抵抗での消費電力の総和 P は電池が供給している電力に等しい。

$$P = \underline{40}_{1} I_{1}$$

B−99

解答　　1 −⑦　　2 −③　　3 −②　　4 −④

解説

問1　可変抵抗の抵抗値が最大 $R_{\max}$〔Ω〕のとき，流れる電流は最小になるので，図2において，$V = 4\text{V}$，$I = 1\text{A}$ である。

$$R_{\max} = \frac{4}{1} = \underline{4}_{1}\ \Omega$$

　　　可変抵抗の抵抗値が最小 $R_{\min}$〔Ω〕のとき，流れる電流は最大になるので，図2において，$V = 2\text{V}$，$I = 3\text{A}$ である。

$$R_{\min} = \frac{2}{3} = \underline{0.67}_{2}\ \Omega$$

問2　内部抵抗による電圧の減少があるので，

$$\underline{V = E - rI}_{3}$$

問3　図2のグラフを一次関数と見ると，

$$V = 5 - I$$

　　問2の式と比較して，

$$r = \underline{1}_{4}\ \Omega \qquad E = 5\text{V}$$

B−100

解答　　1 −②　　2 −③　　3 −⑥　　4 −③

問1　cd 間の合成抵抗を r_0 とする。

$$\frac{1}{r_0} = \frac{1}{6+2} + \frac{1}{3+9} = \frac{1}{8} + \frac{1}{12} = \frac{5}{24} \qquad \therefore \quad r_0 = \frac{24}{5} = 4.8 \, \Omega$$

オームの法則より，電流の強さ I は，

$$I = \frac{72}{4.8} = \underline{15}_1 \, \text{A}$$

次に，点 a を流れる電流の強さを I_a，点 b を流れる電流の強さを I_b とする。

$$I_a = \frac{72}{6+2} = 9 \, \text{A} \qquad I_b = \frac{72}{3+9} = 6 \, \text{A}$$

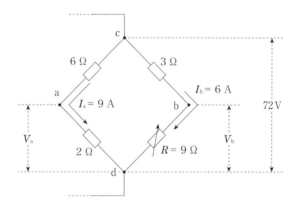

ad 間の電位差を V_a，bd 間の電位差を V_b とすると，

$$V_a = 2 \, \Omega \times 9 \, \text{A} = \underline{18}_2 \, \text{V} \qquad V_b = 9 \, \Omega \times 6 \, \text{A} = \underline{54}_3 \, \text{V}$$

問2　ホイートストンブリッジの条件より，

$$\frac{6}{2} = \frac{3}{R} \qquad \therefore \quad R = \underline{1} \, \Omega$$

B－101

解答　　1 －②　　2 －③

問 100 Ω の抵抗と電球 L は直列に接続しているので，それぞれにかかる電圧の和が全体の電圧に等しい。抵抗に流れる電流の強さは I〔A〕なので，かかっている電圧は $100\,I$〔V〕である。

$$\therefore \quad \underline{100\,I + V = 50}_{1}$$

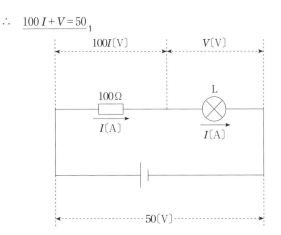

　この式は，この回路において満たすべき I と V の組み合わせ（条件式）である。一方，電球 L を単独でみるときに満たすべき I と V の組み合わせは問題で与えられた曲線である。両方の条件を満たす I と V の組み合わせは，次のような作図によって，交点として求められる。

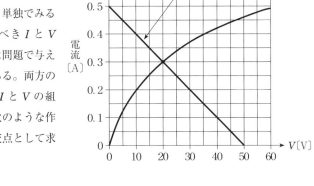

$$\therefore \quad I = 0.3\ \text{A}$$
$$V = \underline{20}_{2}\ \text{V}$$

B－102

解答 1 －②   2 －④   3 －③

解説

一様な電場における電位差と電場の強さの関係より，

$$V = E\ell \qquad \therefore \quad E = \underset{1}{\dfrac{V}{\ell}}$$

電子が電場から受ける力の大きさは eE である。力のつりあいより，

$$eE = kv \qquad \therefore \quad v = \underset{2}{\dfrac{e}{k}} \times E$$

問題文にあるように，v を代入し，さらに，E を代入する。

$$I = enSv = enS \times \dfrac{e}{k} \times \dfrac{V}{\ell} = \dfrac{e^2 nSV}{k\ell} \qquad \therefore \quad R = \dfrac{V}{I} = \underset{3}{\dfrac{k\ell}{e^2 Sn}}$$

B－103

解答 1 －③   2 －①

解説

問 1　電圧計の内部抵抗を r_V とする。

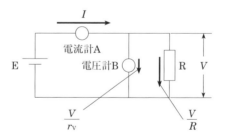

キルヒホッフの第 1 法則より，

$$I = \dfrac{V}{R} + \dfrac{V}{r_V} \qquad \therefore \quad \dfrac{V}{I} = \dfrac{Rr_V}{R + r_V} = \dfrac{1}{\dfrac{R}{r_V} + 1}R$$

この式より，$\dfrac{R}{r_V}$ が 0 に近いほど，すなわち，

電圧計Bの内部抵抗が大きいほど $\dfrac{V}{I}$ は R に近くなる。

問 2 電流計は抵抗に直列に，電圧計は並列に接続する。この場合，X が電流計 A で，Y が電圧計 B である。

B－104

解答 | 1 | －④ | 2 | －③

解説

問 1 次図のように，電流計 A に抵抗を<u>並列</u>ィに接続し，電流計 A に 1 mA，抵抗 に 4 mA 流せばよい。

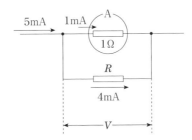

接続する抵抗の抵抗値を R とし，かかる電圧を V とすると，

$$V = 1\,\Omega \times (1 \times 10^{-3})\,\mathrm{A} = R \times (4 \times 10^{-3})\,\mathrm{A} \qquad \therefore \quad R = \underline{0.25}_{\mathcal{P}}\,\Omega$$

問 2 次図のように，電流計 A に抵抗を<u>直列</u>ィに接続し，1 V の電圧をかけたとき， 1 mA の電流が流れるとよい。

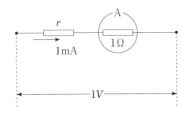

接続する抵抗の抵抗値を r とすると，

$$(r+1)\,\Omega \times (1 \times 10^{-3})\,\mathrm{A} = 1\,\mathrm{V} \qquad \therefore \quad r = \underset{7}{\underline{999}}\,\Omega$$

A－105

解答　　$\boxed{1}$ －②　　$\boxed{2}$ －③　　$\boxed{3}$ －②

解説

問1　右ねじの法則より，電流の真下には西向きの磁場が生じる。方位磁針のN極はこの磁場から西向きの力を受け，S極は東向きの力を受けるので，方位磁針の<u>N極が西へ振れる。</u>

問2　位置 $y = a$ と直線導線（z 軸）との距離は a なので，磁場の大きさ H は，

$$H = \underset{2}{\underline{\dfrac{I}{2\pi a}}}$$

磁場の向きは，右ねじの法則より，<u>$-x$ 方向</u>₃である。

A－106

解答　　$\boxed{1}$ －③

解説

問　$x = -d$ の直線電流が原点Oにつくる磁場の強さは $\dfrac{I}{2\pi d}$ である。$x = d$ の直線電流が原点Oにつくる磁場の強さは $\dfrac{3I}{2\pi d}$ である。向きは右ねじの法則より，次図のようになる。

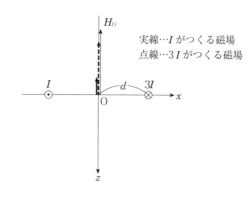

実線…I がつくる磁場
点線…$3I$ がつくる磁場

原点 O における合成磁場の強さ H_0 は,

$$H_0 = \frac{I}{2\pi d} + \frac{3I}{2\pi d} = \underline{\frac{2I}{\pi d}}$$

A－107

解答   1 － ③   2 － ④   3 － ②

解説

問1　一方の電流がつくる磁場の向きを右ねじの法則で求め，他方の電流がその磁場から受ける力の向きを左手の法則で求めることができる。そのようにして，電流の向きとはたらく力について次のような結果が導かれる。

同方向の電流→互いに引きあう

逆方向の電流→互いに反発しあう

この場合，電流の向きが逆向きなので，互いに反発しあう向きである。

問2　導線 A の電流の向きだけを逆にすると，A と B は同方向に電流が流れるので，互いに引きあう力がはたらく。

問3　導線 B を流れる電流が導線 A の位置につくる磁場の強さ H は,

$$H = \frac{2I}{2\pi d} = \frac{I}{\pi d}$$

導線 A の単位長さが受ける力の大きさ f は,

$$f = \mu HI \times 1 = \underline{\frac{\mu I^2}{\pi d}}$$

B－108

解答   1 － ③   2 － ⑤   3 － ②   4 － ⑤

解説

磁場から受ける力の大きさは $F = \underline{IB\ell}_1$ 〔N〕，その向きは，左手の法則より，<u>紙面の裏から表へ向かう向き</u>$_2$ である。

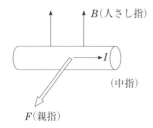

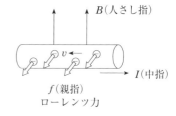

自由電子が受けるローレンツ力の大きさは,

$$f = \underline{evB}_3 \, \text{〔N〕}$$

向きは F と同じなので,$\underline{\text{紙面の裏から表へ向かう向き}}_4$ である。

B－109

解説

問1 円運動の方程式より,

$$m \times \frac{v^2}{r} = qvB \qquad r = \frac{mv}{qB}$$

問2 円軌道の1周の長さ $2\pi r$ を,速さ v で等速運動するので,周期 T は,

$$T = \frac{2\pi r}{v} = \frac{2\pi m}{qB}$$

問3 ローレンツ力が向心力として作用している。

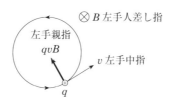

B－110

解答

問1 電場中を荷電粒子が運動するとき，運動エネルギー $\left(\dfrac{1}{2}mv^2\right)$ と静電気力による位置エネルギー（qV）の和が一定に保たれる。電位の基準を K にとると，$V_{\mathrm{K}}=0$，$V_{\mathrm{L}}=V$ となる。電子の場合，$q=-e$ なので，

$$0+0=\frac{1}{2}mv^2+(-e)V \qquad \therefore \quad \frac{1}{2}mv^2=\underline{eV}\ \text{[J]}$$

問2 (ア) ローレンツ力が向心力として電子に作用する。円運動の式より，

$$m\frac{v^2}{r}=evB \qquad \therefore \quad r=\frac{mv}{eB}\ \text{[m]}$$

(イ) 円軌道を半周してから L と衝突する。

$$\therefore \quad t=\frac{\pi r}{v}=\frac{\pi m}{eB}\ \text{[s]}$$

A－111

解答　　1 －①　　2 －②　　3 －①　　4 －②

　磁石の N 極が近づくので，コイルを上向きに貫く磁束が増加$_1$する。

　レンツの法則より，誘導電流がつくる磁場はコイルを下$_2$向きに貫き，磁束の増加を打ち消そうとする。

　右ねじの法則より，コイルに流れる誘導電流は上から見て時計回り，すなわち，問題の図の矢印と同じ$_3$向きである。

　誘導電流がつくる磁場はコイルを下向きに貫くので，磁石がこの磁場から受ける力は下$_4$向きである。

A－112

解答　　1 －①　　2 －①

問 (ア) レール X, Y, Z と導体棒 a, b の組合せをひとつのコイルと見なす。a が移動すれば，コイルの面積が小さくなり，上向きに貫く磁束が減少すること

になる。したがって，レンツの法則より，誘導電流は，それがつくる磁場が上向きになるように流れる。

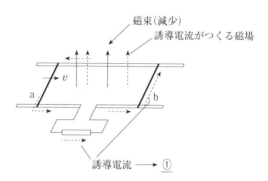

磁束(減少)
誘導電流がつくる磁場
v
a
b
誘導電流 ── ①

(イ)　導体棒 b を流れる誘導電流は，フレミングの左手の法則より，次図のようになる。したがって，導体棒 b は右方に動きだす。

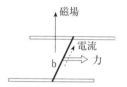

磁場
電流
b
力

A－113

解答　　$\boxed{1}$ ─①　　$\boxed{2}$ ─①

解説

問1　PQ を抵抗で接続して考える。コイルを貫く下向きの磁束が減少するので，下向きの磁場をつくる誘導電流が流れる。抵抗を流れる誘導電流の向きから，電位が高くなるのは P であることがわかる。

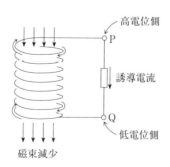

高電位側
P
誘導電流
Q
低電位側
磁束減少

問2 コイル1巻きに生じる誘導起電力の大きさ v は，単位時間あたりの磁束の減少量に等しい。

$$v\left(=\frac{\Delta\phi}{\Delta t}\right)=\frac{0.32\ \mathrm{Wb/m^2}\times(5.0\times10^{-3})\mathrm{m^2}}{0.40} \qquad \therefore\quad v=4.0\times10^{-3}\ \mathrm{V}$$

全巻数が2000なので，PQ間の電圧 V は，

$$V=2000\,v=\underline{8.0\ \mathrm{V}}$$

B−114

解答　　1 −④　　　2 −①

解説

問1　初速 v_0 の瞬間に導体棒に生じる誘導起電力の大きさ V_0 は，公式より，

$$V_0=v_0B\ell$$

流れる電流の強さ I_0 は，オームの法則より，

$$I_0=\frac{V_0}{R}=\underline{\frac{v_0B\ell}{R}}$$

ちなみに，導体棒を流れる電流が受ける力の大きさ F_0 は，

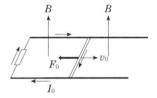

$$F_0=I_0B\ell=\frac{v_0B^2\ell^2}{R}$$

問2　問1の図より，回路に電流が流れている限り，電流は磁場から力を受け，導体棒は減速する。したがって，十分に時間がたてば，導体棒は静止し，回路の電流もゼロになる。

B−115

解答　　1 −②　　　2 −③

解説

問1　$0<t<2\,\mathrm{s}$ のとき $I>0$ なので，電流は矢印の向きに流れている。右ねじの法則より，磁束(磁場)は左向き$_1$である。

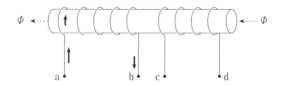

cd 間に生じる相互誘導起電力の大きさは $V_2 = M \left| \dfrac{\Delta I}{\Delta t} \right|$ である。問題の図 2

より $\dfrac{\Delta I}{\Delta t} = \dfrac{2}{2} = 1$ なので,

$$V_2 = M \left| \dfrac{\Delta I}{\Delta t} \right| = 3 \times 1 = \underset{2}{3}\ \text{V}$$

B－116

解答　　$\boxed{1}$ － ④　　$\boxed{2}$ － ②

解説

問1　コイルの自己インダクタンスを L とおくと,自己誘導起電力の大きさ V_L の

公式 $V_L = L \left| \dfrac{\Delta I}{\Delta t} \right|$ より,

$$12 = L \times \dfrac{0.60 - 0}{0.20 - 0} \qquad \therefore \quad L = \underline{4}\ \text{H}$$

問2　十分に時間がたつと電流は一定になり,コイルの自己誘導起電力は 0 になる。
このときコイルはただの導線と見なすことができる。したがって,抵抗 R は,

$$R = \dfrac{12\ \text{V}}{0.60\ \text{A}} = \underline{20}\ \Omega$$

B－117

解答　　$\boxed{1}$ － ④　　$\boxed{2}$ － ③　　$\boxed{3}$ － ②　　$\boxed{4}$ － ⑤

　　　　$\boxed{5}$ － ③　　$\boxed{6}$ － ④

解説

問1　最大値は実効値の $\sqrt{2}$ 倍である。

$$100 \times \sqrt{2} = \underline{141}_1 \text{ V}$$

問2　コイルのリアクタンスは，

$$\omega L = 50 \times 5 = \underline{250}_2 \Omega$$

コンデンサーのリアクタンスは，

$$\frac{1}{\omega C} = \frac{1}{50 \times 100 \times 10^{-6}} = \underline{200}_3 \Omega$$

問3　流れる電流の実効値は，電圧の実効値を抵抗値あるいはリアクタンスで割ればよい。

$$\text{R} \cdots \frac{100}{150} = \underline{0.67}_4 \text{ A} \qquad \text{L} \cdots \frac{100}{250} = \underline{0.40}_5 \text{ A} \qquad \text{C} \cdots \frac{100}{200} = \underline{0.50}_6 \text{ A}$$

B－118

解答　　[1]－①　　　[2]－④　　　[3]－③

解説

問　抵抗に流れる電流の位相は，電圧の位相と同じである。

抵抗①_1

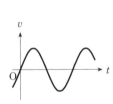 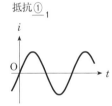

コイルに流れる電流の位相は，電圧の位相より $\frac{\pi}{2}$ 遅れる。

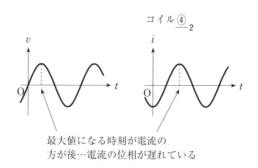

コイル ④₂

最大値になる時刻が電流の
方が後…電流の位相が遅れている

コンデンサーに流れる電流の位相は，電圧の位相より $\dfrac{\pi}{2}$ 進む。

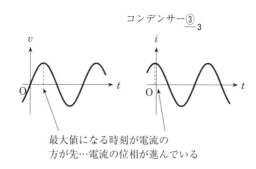

コンデンサー ③₃

最大値になる時刻が電流の
方が先…電流の位相が進んでいる

B−119

解答　　1 − ②　　2 − ②

解説

問　振動電流の周期 T の式より，

$$T = 2\pi\sqrt{LC} = 2\pi\sqrt{50 \times 10^{-3} \times 20 \times 10^{-6}} = 2\pi \times 10^{-3} \doteqdot 6.28_1 \times 10^{-3}\,\text{s}$$

この回路は抵抗が無視できるので，ジュール熱によるエネルギーの損失は 0 である。これより，コンデンサーとコイルに蓄えられるエネルギーの和は一定に保たれる。

$$\therefore \quad \frac{1}{2}CV^2 + \frac{1}{2}LI^2 = -\text{定}$$

これより，$I = I_{\max}$ のとき $V = V_{\min} = 0$ である。はじめ，$V = 100\,\text{V}$，$I = 0$ なので

$$\frac{1}{2} \times 20 \times 10^{-6} \times 100^2 = \frac{1}{2} \times 50 \times 10^{-3} \times I_{\max}{}^2$$

$$\therefore \quad I_{\max} = 100 \sqrt{\frac{20 \times 10^{-6}}{50 \times 10^{-3}}} = \underline{2} \, \text{A}$$

第5章 光と原子

A－120

解答 $\boxed{1}$ －③ $\boxed{2}$ －④ $\boxed{3}$ －④ $\boxed{4}$ －⑦

$\boxed{5}$ －⑤

解説

　光の場合，振動数を ν（ニュー：ギリシャ文字），真空での速さを c という記号で表すことが多い。光を波動（電磁波）とみるとき，波の基本式より，

$$\nu = \frac{c}{\lambda} = \frac{3.0 \times 10^8}{7.5 \times 10^{-7}} = \underline{4.0 \times 10^{14}}_1 \text{ Hz}$$

波の強さ（エネルギー）は振幅で決まる（正確には振幅の2乗に比例する）。よって，$\underline{振幅}_2$ の大きい光が明るい光（強さの大きい光）である。光を光子の集まりとみるとき，光子1個のエネルギー E と運動量 p は，

$$E = \frac{hc}{\lambda} = \frac{6.6 \times 10^{-34} \times 3.0 \times 10^8}{7.5 \times 10^{-7}} = 2.64 \times 10^{-19} \fallingdotseq \underline{2.6 \times 10^{-19}}_3 \text{ J}$$

$$p = \frac{h}{\lambda} = \frac{6.6 \times 10^{-34}}{7.5 \times 10^{-7}} = \underline{8.8 \times 10^{-28}}_4 \text{ kg·m/s}$$

また，$\underline{光子の数}_5$ が多い光が明るい光である。

A－121

解答 $\boxed{1}$ －⑧ $\boxed{2}$ －③

解説

問　散乱前の光子のエネルギーは $\dfrac{hc}{\lambda}$ であり，散乱後の光子のエネルギーは $\dfrac{hc}{\lambda_1}$ である。エネルギー保存より，

$$\underline{\frac{hc}{\lambda} = \frac{hc}{\lambda_1} + \frac{1}{2}mv^2}_1$$

　運動量は向きをもつので，図の右向きを正とする。散乱前の光子の運動量は $+\dfrac{h}{\lambda}$ であり，散乱後の光子の運動量は $-\dfrac{h}{\lambda_1}$ である。運動量保存より，

$$\underline{\frac{h}{\lambda} = -\frac{h}{\lambda_1} + mv}_2$$

A－122

解答　　$\boxed{1}$－②

解説

問　光の強さを2倍にするとき，光子の数は2倍になり，光子1個のエネルギーは
変わらない。したがって，Kから飛び出る光電子の数が2倍になって，2倍の電
流が流れる。また，飛び出る光電子の運動エネルギーの最大値は変わらないので，
$I=0$ となるときの電位 $V=-V_0$ は変わらない。

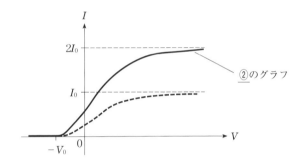

B－123

解答　　$\boxed{1}$－①　　　$\boxed{2}$－④　　　$\boxed{3}$－①

解説

物質波の波長 λ は，

$$\lambda = \frac{h}{mv}_1$$

円軌道の円周の長さが物質波の波長の自然数倍になる。

$$\underline{2\pi r = n\lambda}_2$$

この式はボーアの$\underline{量子条件}_3$といわれる。

B−124

解答　　 1 −④　　 2 −⑥　　 3 −⑨

解説

問1　水素原子のエネルギー準位が下がるとき，そのエネルギーの差に等しいエネルギー E をもつ光子が1個発生し，放出される。

$$E_3 = -\frac{2.2 \times 10^{-18}}{3^2} \qquad E_2 = -\frac{2.2 \times 10^{-18}}{2^2}$$

$$\therefore \quad E = E_3 - E_2 = -2.2 \times 10^{-18} \times \left(\frac{1}{3^2} - \frac{1}{2^2} \right)$$

$$= 2.2 \times 10^{-18} \times \frac{5}{36} \fallingdotseq 3.06 \times 10^{-19} \fallingdotseq \underline{3.1}_1 \times 10^{-19} \text{ J}$$

光子1個のエネルギーは $E = \dfrac{hc}{\lambda}$ なので，

$$\therefore \quad \lambda = \frac{hc}{E} = \frac{6.6 \times 10^{-34} \times 3.0 \times 10^{8}}{3.06 \times 10^{-19}} \fallingdotseq \underline{6.5}_2 \times 10^{-7}$$

問2　$n = 1$ から $n = \infty$ に移る場合を考える。

$$E_1 = -\frac{2.2 \times 10^{-18}}{1^2} = -2.2 \times 10^{-18} \text{ J} \qquad E_\infty = -\frac{2.2 \times 10^{-18}}{\infty^2} = 0$$

$E_1 \to E_\infty$ のエネルギー差以上のエネルギーをもつ光子をあてればよい。

$$\frac{hc}{\lambda} > E_\infty - E_1 \qquad \therefore \quad \lambda < \frac{hc}{E_\infty - E_1} = \frac{6.6 \times 10^{-34} \times 3.0 \times 10^{8}}{0 - (-2.2 \times 10^{-18})}$$

$$= \underline{9.0 \times 10^{-8}} \text{ m}$$

B−125

解答　　 1 −②　　 2 −③

解説

問1　固有 X 線と呼ばれる。

問2　X 線は可視光線と同じ電磁波であり，可視光線より波長が短い。むろん，粒子性を考えるときは光子としてとらえる。

Ｐとの衝突で電子が失う運動エネルギーの一部または全部がＸ線光子のエネルギーになる。Ｘ線光子1個のエネルギーは衝突前の電子の運動エネルギーより小さくなる。

$$\frac{hc}{\lambda} \leqq \frac{1}{2}mv^2 = eV \qquad \therefore \quad \lambda \geqq \frac{hc}{eV} \ (= \lambda_0)$$

Ａ－126

解答 | 1 |－① | 2 |－② | 3 |－③ | 4 |－⑧
| 5 |－⑨

解説

元素記号の左下の数字は原子番号といい，原子核に含まれる陽子の数を表す。元素記号の左上の数字は質量数といい，原子核に含まれる陽子の数と中性子の数の和を表す。

$\therefore$ $^{238}_{92}$U……陽子の数 $\underline{92}_1$ 個　　中性子の数　$238 - 92 = \underline{146}_2$ 個

原子核が α 崩壊すると，質量数が4減り，原子番号が2減る。$^{238}_{92}$U が α 崩壊すると，質量数は $238 - 4 = 234$ となり，原子番号は $92 - 2 = 90$ となる。

$\therefore$ $^{234}_{90}$Th$_3$

β 崩壊では，質量数は$\underline{変わらない}_5$が，原子核に含まれる中性子1個が陽子に変わるので，原子番号が$\underline{1増える}_4$。

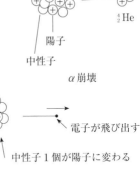

陽子

中性子

$^4_2$He

α 崩壊

電子が飛び出す

中性子1個が陽子に変わる

β 崩壊

Ｂ－127

解答 | 1 |－① | 2 |－③ | 3 |－⑦

解説

はじめの質量が m_0 で，半減期が T の放射性物質が時間 t 後に残っている質量 m は，

$$m = m_0 \left(\frac{1}{2}\right)^{\frac{t}{T}}$$

$t = 3200$ 年では，

$$400 \times \left(\frac{1}{2}\right)^{\frac{3200}{1600}} = 400 \times \frac{1}{4} = \underline{100}_1 \text{ g}$$

$t = 800$ 年では，

$$400 \times \left(\frac{1}{2}\right)^{\frac{800}{1600}} = 400 \times \frac{1}{\sqrt{2}} ≒ \underline{283}_2 \text{ g}$$

放射線の強さは放射性物質の量に比例する。放射線の強さが $\frac{1}{8}$ になったということは，放射性物質の量が $\frac{1}{8}$ になったということである。

$$\left(\frac{1}{2}\right)^{\frac{t}{T}} = \frac{1}{8} \qquad \therefore \quad t = \underline{3\,T}_3 \text{〔s〕}$$

A－128

解答　　1 －②　　　2 －③　　　3 －②

解説

質量とエネルギーの関係式は，

$$\underline{E = mc^2}_1$$

質量欠損 Δm を単位〔u〕で計算すると，

$$\Delta m = 1.0087 \times 2 + 1.0073 \times 2 - 4.0015 = 0.0305 \text{ u}$$

〔kg〕の単位に変換すると，

$$0.0305 \times 1.66 \times 10^{-27} = 5.063 \times 10^{-29} ≒ \underline{5.1}_2 \times 10^{-29} \text{ kg}$$

結合エネルギー E は，

$$E = \Delta mc^2 = 5.063 \times 10^{-29} \times (3.0 \times 10^8)^2 ≒ \underline{4.6}_3 \times 10^{-12} \text{ J}$$